HANS SCHEMANN/LUIZA SCHEMANN-DIAS

Die portugiesischen Verbalperiphrasen und ihre deutschen Entsprechungen

Lehr- und Übungsbuch mit ausführlichen portugiesischen Beispielen und ihren deutschen Übersetzungen

MAX NIEMEYER VERLAG TÜBINGEN
1983

Diesem Übungsbuch liegt der Materialteil zugrunde aus dem gleichzeitig im Max Niemeyer Verlag erschienenen Buch von Hans Schemann »Die portugiesischen Verbalperiphrasen. Corpus und Analyse«.

CIP-Kurztitelaufnahme der Deutschen Bibliothek

Schemann, Hans:
Die portugiesischen Verbalperiphrasen und ihre deutschen Entsprechungen :
Lehr- u. Übungsbuch mit ausführl. Beispielen u. ihren dt. Übers. / Hans Schemann ;
Luiza Schemann-Dias. – Tübingen : Niemeyer, 1983.
NE: Schemann-Dias, Luiza:

ISBN 3-484-50204-5

Printed in Portugal. Satz und Druck: Livraria Cruz, Braga.

...estou a trabalhar — «ich arbeite gerade» — *já vamos indo* — «wir gehen schon mal» — *o comboio acaba de chegar* — «der Zug ist gerade angekommen»...

Inhaltsverzeichnis

Zur Einführung

Zur Einführung:

Die portugiesischen Verbalperiphrasen bieten nicht nur dem Anfänger, sondern auch jemandem, der sich schon länger mit der portugiesischen Sprache beschäftigt hat, mancherlei Schwierigkeiten. Da diese Einheiten zudem in den im deutschen Sprachraum bisher erschienenen Grammatiken und Übungsbüchern zu kurz kommen, schien es angebracht, sie in einem eigenen Übungsbuch zusammenzustellen und ihren Gebrauch anhand zahlreicher und ausführlicher Beispiele zu illustrieren.

Eine solche Übersicht dürfte um so nützlicher sein, als die Verbalperiphrasen im Portugiesischen auf Schritt und Tritt verwendet werden und ihre Beherrschung daher zu den sprachlichen Grundkenntnissen zu rechnen ist.

Der Stil der Beispiele sucht sich den einzelnen Periphrasen anzupassen und ist im ganzen ziemlich kolloquial gehalten. Für die Übersetzungen haben wir da, wo es aufschlußreich schien, verschiedene Alternativen angegeben, sodaß die jeweiligen Nuancen besser erkennbar werden. Im übrigen pflegt eine korrekte Übersetzung der Periphrasen ins Deutsche den Portugiesen vor Probleme zu stellen. Dies Übungsbuch kann also nicht zuletzt wegen des zweisprachigen Materials von Deutschen wie von Ausländern als Lektüreheft verwandt werden, mit dessen Hilfe sich Anfänger wie Fortgeschrittene in charakteristische, häufig gebrauchte Konstruktionen — auch unabhängig von den Verbalperiphrasen — einlesen.

Die unterschiedlichen Bedeutungen, die für die einzelnen Periphrasen gegeben werden, suchen den Bedeutungsumfang jeder Einheit gleichsam abzustecken und dem Leser ein Gefühl dafür zu geben, was mit ihr alles ausgedrückt werden kann. Wie bei anderen sprachlichen Einheiten, so sind auch hier die Kriterien dafür, von welchem Moment an eine neue Bedeutung bzw. eine Unter- oder Nebenbedeutung vorliegt, kaum mit genereller Verbindlichkeit anzugeben. Systematischen Anspruch erheben die jeweiligen Bedeutungsunterscheidungen jedenfalls nicht.

Abgesehen hiervon ließen wir uns in der Differenzierung der Bedeutungen und der Zusammenstellung der jeweiligen Beispiele auch maßgeblich von den im Deutschen vorliegenden Übersetzungsäquivalenten leiten, das heißt, von praktischen Gesichtspunkten.

Ähnliche Kriterien waren für die Auswahl bestimmend: sie faßt den Begriff «Verbalperiphrase» in einer weiten, syntaktischen Bedeutung und sucht die Einheiten vorzuführen, die besonders häufig und/oder besonders schwierig sind. Von den Konstruktionen, in denen im Portugiesischen die Verbalperiphrasen erscheinen —

Hilfsverb + Hauptverb im Infinitiv
(ir fazer qc.)

Hilfsverb + Hauptverb im Gerundium
(ir fazendo qc.)

Hilfsverb + Hauptverb im Partizip
(trazer qc. feita)

jeweils mit oder ohne Verbindungsglied (in der Regel eine Präposition — *ir fazer qc.* gegenüber *estar a fazer qc.*) —

legt die Auswahl das Schwergewicht auf die Konstruktionen mit dem Infinitiv.

Im Anschluß an den Übungsteil des Buchs geben wir eine Übersicht über die (wesentlichen) Definitionskriterien der Verbalperiphrasen. Danach werden alle behandelten Einheiten nach den Kriterien, nach denen sie zusammengehören, in bestimmten Gruppen zusammengefaßt. Eine solche Übersicht kann in vielfältiger Weise didaktisch genutzt werden und zugleich als erste Anregung zu einer wissenschaftlichen Beschäftigung mit dem Thema dienen. Für denjenigen, der der linguistischen Problematik der Verbalperiphrasen weiter nachgehen will, haben wir dann am Ende eine Kurzbibliographie zusammengestellt. Hingewiesen sei in diesem Zusammenhang auch auf die erweiterte Ausgabe dieses Übungsbuchs im gleichen Verlag, die zu dem hier präsentierten Material eine ausführliche linguistische Analyse bringt, welche auch der praktischen Beherrschung der Verbalperiphrasen förderlich ist.

Stuttgart | Braga

Im September 1982

Übungsteil

abalançar-se a fazer qc. sich daran wagen, etw. zu tun; riskieren, etw. zu tun

Eu não me abalanço a fazer um trabalho sobre a decadência da família nos romances de Thomas Mann. Nunca estudei sociologia e para um trabalho desses é absolutamente necessário ter noções seguras de sociologia e história.

Ich riskiere nicht/wage mich nicht daran, eine Arbeit über das Problem des Verfalls der Familie in den Romanen von Thomas Mann zu schreiben. Ich habe niemals Soziologie studiert, und für so/solch eine Arbeit ist es absolut/unbedingt erforderlich/ist es unabdingbar, von Soziologie und Geschichte klare Vorstellungen zu haben.

acabar de fazer qc.

1. (damit) fertig werden, etw. zu tun; (damit) aufhören, etw. zu tun
2. etw. fertig machen
3. etw. zuende machen
4. schließlich/... etw. (völlig/...) machen

1. Aí pelas 5 ou 6 horas devo *acabar de traduzir* o artigo. (...devo acabar com a tradução do artigo).

   So gegen 5, 6 Uhr werde ich wohl damit fertigwerden, den Artikel zu übersetzen (...werde ich mit der Übersetzung des Artikels wohl fertigwerden)/werde ich (damit) aufhören...

2. Ainda tenho que *acabar de traduzir* o artigo — já não falta muito.

   Ich muß den Artikel noch fertigübersetzen/zuendeübersetzen — es fehlt schon nicht mehr viel.

3. Tenho que *acabar de descascar* as batatas; só metade não chega para tanta gente.

   Ich muß die Kartoffeln noch zuendeschälen (fertigschälen) — (nur) die Hälfte reicht nicht für so viele.

4. Não foi só a doença, foram também os desgostos com o filho que *acabaram de matá-la.*

   Es war nicht nur die Krankheit, es waren auch die Enttäuschungen mit ihrem Sohn, die sie schließlich zugrunderichteten/(töteten)/ihr den Rest gaben.

alg. **acabou de fazer qc.** etw. beendet haben; mit etw. fertig werden; (resultativ: mit etw. fertig sein)

Ele *acabou* ontem finalmente *de fazer* a tradução (...acabou finalmente com a...).

Er hat die Übersetzung gestern endlich beendet/ist mit der Übersetzung... endlich fertig geworden.

Já *acabaste de traduzir* o livro?

Bist du mit der Übersetzung des Buchs schon fertig?

alg. acaba de fazer qc. j. hat gerade/eben/soeben etw. getan

Acabo de ouvir que vai haver novas eleições. É verdade?

Ich habe gerade/eben/soeben gehört, daß Neuwahlen ausgeschrieben werden. Stimmt das?

alg. tinha acabado de fazer qc. j. hatte gerade etw. getan

Eu *tinha acabado de chegar* a casa quando o telefone tocou; era o meu chefe a pedir para ir urgentemente a uma reunião.

Ich war gerade nach Hause gekommen, als das Telephon schellte; es war mein Chef, der mich bat, dringend zu einer Sitzung zu kommen.

isto/isso/aquilo **vai acabar em** alg. fazer qc. (pers. Inf.) das wird dahinführen, daß j. etw. tut; das wird damit enden, daß j. etw. tut

Isto vai acabar em irmos todos para a cadeia!

Das wird damit enden/das wird dahinführen, daß wir alle ins Gefängnis gehen.

acabar por fazer qc.

1. schließlich etw. tun; am Ende etw. tun; schließlich und endlich etw. tun
2. + es endet (schließlich) damit, daß j. etw. tut/etw. getan wird
3. am Ende doch etw. tun; schließlich doch etw. tun; endlich (doch) dahinkommen, etw. zu tun; endlich (doch) etw. tun

1. Sabes, quando nos estão sempre a estorvar nos nossos planos, *acabamos por desistir.*

   Weißt du. wenn man immer wieder in seinen Plänen gestört wird, gibt man schließlich/am Ende/schließlich und endlich auf.

   Ele levou tempo, muito tempo, mas no fim *acabou por perceber* o que eu queria.

   Er brauchte lange, sehr lange, aber schließlich/am Ende verstand er, was ich wollte.

2. Na realidade, aquele casamento já há anos que andava torto. Os problemas eram cada vez mais. Até que *acabaram por se divorciar.*

   In der Tat, die Ehe klappte schon jahrelang nicht mehr. Es gab immer mehr Probleme. Schließlich endete es damit, daß sie sich scheiden ließen.

3. Finalmente *acabou por reconhecer* a estupidez que tinha feito. Levou muito tempo — mas graças a Deus ainda compreendeu a tempo.

   Endlich kam er dahin einzusehen/sah er ein, was er für eine Dummheit gemacht hatte. Er hat lange gebraucht — aber Gott sei Dank war es noch nicht zu spät.

Não percebo! Eu não disse nada a ninguém das nossas relações, nem à minha melhor amiga, e todo o mundo sabe!
— Sabes, isso não adianta esconder. Estas coisas *acabam* sempre *por saber-se...*

Ich versteh' das (einfach) nicht! Ich habe niemandem/ auch nicht einem einzigen von unseren Bekannten etwas gesagt, nicht einmal meiner besten Freundin! Und alle Welt weiß Bescheid.
— Weißt du, es nützt nicht, so etwas geheimzuhalten. Solche Sachen kommen am Ende doch immer heraus.

cf. **estar a acabar** — 1. fast alle sein; + es ist nicht mehr viel... da; zu Ende gehen; ausgehen; fast aufgebraucht sein
2. fast fertig sein

1. O leite *está a acabar*. Temos que ir comprar mais, senão à noite não temos que dar de beber aos pequenos.

   Die Milch ist fast alle/es ist nicht mehr viel Milch da/die Milch geht zu Ende/geht aus/ist fast aufgebraucht. Wir müssen neue holen, sonst haben wir heute abend für die Kinder nichts zu trinken.

2. Então quando é que isso está pronto? Já estou à espera há uma hora. — Tem paciência, só mais um minuto. *Estou (quase) a acabar.*

   Wann ist das nun fertig? Ich warte schon eine Stunde. — Nur noch eine Minute Geduld! Ich bin fast fertig.

acostumar-se a fazer qc. — sich daran gewöhnen, etw. zu tun

Esta rapariga *acostuma-se a mentir!*

Dieses Mädchen gewöhnt sich daran zu lügen!

agarrar-se a fazer qc. — sich ans + subst. Inf. machen

Quando estou preocupado ou triste, *agarro-me a trabalhar.* Tu *agarras-te a beber.*

Wenn ich mir Sorgen mache oder traurig gestimmt bin, mach' ich mich ans Arbeiten. Du machst dich ans Trinken.

agarro e faço/**agarras** e fazes/... — entschlossen/in einem Schwung/völlig/von vorne bis hinten/... etw. tun

Ele estava tão furioso por o trabalho não estar pronto, que eu vim para casa, *agarrei e traduzi* o artigo em menos duma hora.

Er war derart wütend darüber, daß die Arbeit nicht fertig war, daß ich nach Hause kam und den Artikel in einem Schwung von vorne bis hinten übersetzte.

ajudar alg. **a** fazer qc. — (jem.) (dabei) helfen, etw. zu tun

Ó Sara, *ajuda* a tua irmã *a arrumar* a sala! Lá por seres mais nova não é caso para pensares que podes ficar de braços cruzados a olhar.

Oh, Sara, hilf deiner Schwester (dabei), das Wohnzimmer aufzuräumen. Die Tatsache, daß du jünger bist, ist kein Grund anzunehmen/zu glauben/zu meinen, du könntest die Arme in den Schoß legen und zugucken/du brauchtest keinen Finger zu rühren und nur zuzugucken.

andar a fazer qc.

1. etw. (kontinuierlich/dauernd/...) tun; dabei sein, etw. zu tun; damit beschäftigt sein, etw. zu tun; permanent/... dabei/damit beschäftigt sein, etw. zu tun
2. etw. (im Grunde / ... (doch) immer/...) tun
3. da herumlaufen/herum-... und...; da (überall) herum...

1. Já há muito tempo que não te vejo. O que estás a fazer agora?
— Eu *ando a recolher* o material para a minha tese de licenciatura. Um trabalhão que não fazes ideia.

Ich habe dich schon lange nicht mehr gesehen. Was machst du jetzt so?
— Ich stelle das Material für meine Staatsarbeit zusammen/ich sammle das Material.../ich bin dabei, das Material... zu sammeln/ich bin damit beschäftigt, das Material... zu sammeln/ ich bin permanent/... damit beschäftigt, das Material... zu sammeln. Eine Riesenarbeit! Du machst dir keine Vorstellung/kein Bild.

Olha lá, há quanto tempo é que *andas a fazer* este vestido?
— Sei lá, para aí há dois meses... Sabes, só ao serão é que tenho tempo.

Hör' mal, wielange bist du schon damit beschäftigt/(wielange bist du schon dabei), an diesem Kleid zu arbeiten/wielange arbeitest du schon an diesem Kleid?
— Was weiß ich, so zwei Monate... Weißt du, ich habe nur spät abends Zeit.

O Jorge há dois anos vivia muito ocupado; *andava a escrever* um livro sobre a aviação.

Vor zwei Jahren war (der) Georg sehr beschäftigt; er war dabei, ein Buch über die Fliegerei/das Flugwesen zu schreiben.

2. Eu admiro-a! Apesar do desgosto finge-se sempre alegre e despreocupada.
— Todos *andamos a fingir qualquer coisa*...

Ich bewundere sie. Trotz der Enttäuschung gibt sie sich immer froh und heiter/(fingiert sie immer Frohsinn und Heiterkeit).
— Irgendetwas fingieren wir doch alle/fingieren wir im Grunde doch alle (ständig).

3. Ele *anda a dizer* em toda a parte que eu menti quando...

Er läuft da herum und erzählt/er rennt da (überall) herum und erzählt/er erzählt da (überall) herum, daß ich gelogen habe, als...

(já) **andar** desde que/há... **para** fazer qc. — schon seit... vorhaben/ständig vorhaben, etw. zu tun; schon seit... (ständig) etw. tun wollen; sich schon seit/seitdem... mit dem Gedanken tragen, etw. zu tun

Ando há seis anos *para construir* uma casa, mas ainda não consegui resolver-me. Não sei se compro o terreno no campo, se à beira-mar...

Schon seit sechs Jahren habe ich vor/habe ich ständig vor/trage ich mich (dauernd) mit dem Gedanken, ein Haus zu bauen/... will ich ein Haus bauen; aber ich kann mich nicht entschließen. Ich weiß nicht, ob ich ein Gelände auf dem Land kaufen soll oder besser am Meer...

aprender a fazer qc. — 1. lernen, etw. zu tun 2. (etw.) tun lernen; das Tun lernen; lernen, wie man etw. tut

1. Ó Manuelinha, ou *aprendes a portar-te* como deve ser ou a mamã não é mais tua amiga.

   Meine liebe (kleine) Manuela, entweder lernst du, dich anständig zu benehmen, oder ich bin nicht mehr deine Freundin.

2. Eu *aprendi a trabalhar* em malhas com a minha avó.

   Stricken habe ich von meiner Großmutter gelernt/Das Sricken habe ich.../Von meiner... habe ich gelernt, wie man strickt.

apressar-se a fazer qc. — sich beeilen, etw. zu tun

Ele estava na conversa com uns colegas, e a loja cheia de gente! Mas havias de ver como ele *se apressou a atender* os clientes quando viu entrar o patrão.

Er unterhielt sich (gemütlich) mit einigen Kollegen, und das Geschäft war (brechend) voll! Aber du hättest sehen sollen, wie er sich beeilte, die Kunden zu bedienen, als er den Besitzer des Ladens hereinkommen sah.

cf. ter **a bondade** de fazer qc. — so gut sein und etw. tun

Quer *ter a bondade de fechar* a sua janela, cavalheiro? É que estou bastante constipado, e sinto corrente de ar da janela.

Sind Sie so gut und schließen Ihr Fenster, Chef/Meister, Ich bin nämlich ziemlich erkältet/ich bin ziemlich erkältet, müssen Sie wissen, und merke, daß es da vom Fenster her zieht.

(não) **se cansar de** fazer qc. — 1. nicht müde werden, etw. zu tun 2. nicht müde werden, etw. zu tun; andauernd/permanent/ ohne Unterlaß/... etw. tun

1. Ele *não se cansa de explicar* à sua amiga como é que se fazem os deveres. Tem uma paciência!

   Er wird nicht müde, seiner Freundin zu erklären, wie die Schularbeiten zu machen sind. Er hat eine Geduld!

2. Tu já reparaste? O Jorge *não se cansa de contar* o acto heróico que praticou. — Eu já nem o posso ouvir. Já cheira mal...

Hast du schon gemerkt? Der Georg wird nicht müde, die Heldentat zu erzählen/erzählt permanent die Heldentat, die er vollbracht hat. — Ich kann ihn schon nicht mehr hören. Das kotzt einen schon an...

alg. é capaz de fazer qc.

1. j. kann etw. tun; j. könnte etw. tun
2. j. kann etw. tun; j. ist imstande, etw. zu tun; j. ist in der Lage etw. zu tun
3. j. ist imstande/in der Lage, etw. zu tun/und tut etw.

1. *És capaz de me enfiar* a agulha? Não vejo mesmo nada.

Kannst/könntest/(willst) du mir die Nadel einfädeln/den Zwirn/... einfädeln? Ich sehe wirklich nichts/absolut nichts.

2. Não prometas fazer este trabalho. Tu não *és capaz de trabalhar* um mês a fio 10 horas por dia, sem férias nem dias santos.

Versprich (bloß) nicht, diese Arbeit zu machen. Du kannst nicht einen ganzen Monat hindurch zehn Stunden am Tag/täglich arbeiten, ohne Ferien und ohne Feiertage/du bist nicht imstande/in der Lage, einen... zu arbeiten,...

3. Não digas nada ao Zé! Ele *é capaz de* contar tudo aos vizinhos.

Dem Sepp sagst du nichts! Er ist in der Lage/imstande, alles den Nachbarn zu erzählen/Er ist in der Lage/imstande und erzählt alles den Nachbarn.

qc. **é capaz de** fazer qc.

\+ sehr gut möglich sein, daß etw. etw. tut; etw. kann (sehr wohl/sehr gut) etw. tun; unter Umständen tut etw. etw.

Esta tábua *é capaz de se estragar logo.*

Es ist sehr gut möglich, daß dies Brett sofort kaputtgeht/Dies Brett kann (sehr wohl/sehr gut) sofort kaputtgehen/Unter Umständen geht dies Brett sofort kaputt.

Não quero o vestido porque *é capaz de* desbotar.

Ich möchte/will das Kleid nicht, denn es ist sehr gut möglich, daß es matt wird/verschießt/denn es kann (sehr wohl/sehr gut) matt werden/verschießen/denn unter Umständen wird es matt/verschießt es.

cessar de fazer qc.

aufhören, etw. zu tun; etw. nicht mehr tun (können)

A que horas morreu?
Não sei bem. O médico diz que o coração *cessou de bater* às 2 horas da noite.

Wieviel Uhr ist er gestorben?
— Ich weiß nicht genau. Der Arzt sagt, daß das Herz heute nacht um zwei Uhr aufgehört hat zu schlagen.

Passou-me uma nuvem pelos olhos, e de repente *cessei de ver.* Até hoje nunca mais recuperei a vista.

Plötzlich trat mir ein (schwarzer) Schatten vor die Augen, und ich sah nicht mehr/und ich konnte nicht mehr sehen. Bis heute ist mir das Augenlicht nicht wiedergekommen.

Lá pelo facto de se terem separado, ele não *cessou de amá-la!*

Deswegen, weil sie sich getrennt haben, hört er nicht auf, sie zu lieben!

(não) **chegar a** fazer qc.

1. (nicht) dazu kommen, etw. zu tun
2. jem. gelingt es, etw. zu tun/(ist es vergönnt, etw. zu tun); etw. (hinkriegen zu) tun
3. sogar etw. tun
4. sogar etw. tun; (sogar) so weit gehen, etw. zu tun
5. etw. (doch endlich/...) tun
6. (in der Tat) etw. tun

1. Como só tinha uma hora para ler o artigo, *não cheguei a ter tempo* de reflectir bem sobre...

   Da ich nur eine Stunde Zeit hatte, mir den Artikel durchzulesen, bin ich nicht dazu gekommen, genauer nachzudenken über...

   Chegaste a ir ao dentista, ontem? — Não, não arranjei tempo.

   Bist du gestern dazu gekommen, zum Zahnarzt zu gehen? — Nein, ich habe keine Zeit gehabt.

2. Mas afinal o que é que ele pretende? — Não sei, *não cheguei a perceber...*

   Was will er denn nun eigentlich?! — Ich habe es nicht begriffen/mir ist es nicht gelungen/(vergönnt gewesen), es zu begreifen.

3. O quê, ele só lhe passou rasteiras?! Mas que mentira! Ele ajudou-a sempre, e mais — *chegou a dar-lhe* um ano seguido explicações de graça, só para ela poder terminar o curso.

   Was, er hat ihr nur Steine in den Weg gelegt?! Welch eine Lüge! Er hat ihr immer geholfen, mehr noch — er hat ihr sogar ein ganzes Jahr (hindurch) umsonst Privatstunden gegeben, nur, damit sie ihr Studium beenden konnte/zuendestudieren konnte.

   O quê, ele falou mal de mim? — Ele *chegou a dizer* que lhe tinhas roubado uma grande soma de dinheiro...

   Was, er hat sich negativ über mich geäußert/er hat schlecht über mich gesprochen? — Er hat sogar behauptet, du hättest ihm eine hohe Summe (Geld) gestohlen.

   Er ging (sogar) so weit zu behaupten,...

4. Não foi só ter-lhe mentido centenas de vezes; ele *chegou a enganá-lo* mesmo — eu até apostava que ele roubou umas vezes 5000 marcos da caixa.

Er hat ihn nicht nur Hunderte von Malen belogen; er ging (sogar) so weit, ihn zu betrügen — ich möchte wetten, daß er einige Male 5000 Mark aus der Kasse entwendet hat.

5. Tanto fiz, tanto procurei que (sempre) *cheguei a encontrar* a chave do carro.

Ich habe soviel angestellt, soviel gesucht, daß ich den Schlüssel vom Auto doch endlich gefunden habe.

Chegaste a saber a hora a que parte o comboio?
— *Cheguei.* Mas só ao fim de muito perguntar e de andar de guiché em guiché.

Hast du (doch endlich/doch/endlich) erfahren, wann der Zug fährt/abfährt?
— Ja. Aber erst nach vielem Fragen und nachdem ich von einem Schalter zum andern gewandert/gepilgert bin.

6. E tu acreditaste naquela história das almas do outro mundo?
— Confesso que, por uns segundos, *cheguei a acreditar.*

Und du hast an diese Geschichte von den Seelen aus dem Jenseits geglaubt?
— Ich gestehe, daß ich einige Sekunden lang in der Tat daran geglaubt habe.

começar a fazer qc.

1. (damit) beginnen/anfangen, etw. zu tun
2. anfangen, etw. zu tun

1. Apesar de já *ter começado* há três anos *a fazer* esta tradução. ainda não a acabei. Tenho muito que fazer no trabalho, e só posso traduzir uma a duas horas por dia.

Obwohl ich schon vor drei Jahren (damit) begonnen/(damit) angefangen habe, an dieser Übersetzung zu arbeiten, bin ich noch nicht fertig (damit). Ich habe beruflich viel zu tun und kann nur ein bis zwei Stunden am Tag/täglich übersetzen.

O que acha o sr. Bertold da nossa decisão?
— Mal ouviu o que tínhamos a propor, (logo) *começou a berrar...*

(Und) was sagt Herr Bertold zu unserer Entscheidung/... hält... von unserer...?
— Kaum hatte er gehört, was wir vorzuschlagen hatten, begann er (auch schon) zu/fing er (auch schon) an zu schimpfen...

2. *Se começas a chatear-me,* (já) não faço nada, estás a ouvir?!

Wenn du anfängst, mich aufzuregen/mich zu quälen, mach' ich gar nichts, hörst du?!

Se aquele tipo *começa a falar* política... insuportável!

Wenn der Kerl anfängt, über Politik zu reden... unerträglich!

começar (qc.) fazendo qc. — etw./mit etw. beginnen, indem man etw. tut; (etw.) damit beginnen, daß man etw. tut

Ele *começou* (o discurso) *fazenda alusão* à situação política actual; depois continuou, exaltando as qualidades de certos partidos, e finalmente terminou frisando o apoio prestado por uns multinacionais.

Er begann (die Rede/mit der Rede), indem er/er begann (die Rede) damit, daß er eine Anspielung auf die gegenwärtige politische Lage machte; im weiteren Fortgang lobte er dann die Qualitäten gewisser Parteien überschwenglich, und er endete schließlich damit, daß er auf die Unterstützung durch einige internationale Unternehmen hinwies.

começar por fazer qc. — damit beginnen, etw. zu tun (Reihenfolge: es folgen andere Dinge); zunächst/zuerst etw. tun (und dann etwas anderes); am Anfang etw tun

Então, que tal, a conferência do prof. Coelho? — Ora bem, ele *começou por explicar* a diferença entre «idiom» e «perífrase verbal»; depois passou a problemas de ordem geral, como «a possibilidade de sistematização como problema da linguística geral»...

Na, wie war der Vortrag von Prof. Coelho? — Nun denn, er begann damit, den Unterschied zwischen «Idiom» und «Verbalperiphrase» zu erklären/zuerst/zunächst erklärte er den Unterschied zwischen «Idiom» und «Verbalperiphrase»; dann ging er zu allgemeinen Problemen über wie «die Systematisierbarkeit als Problem der allgemeinen Sprachwissenschaft»...

Se queres que compreendam o que dizes, tens que *começar por* explicar-lhes...

Wenn du von ihnen verstanden werden willst, mußt du ihnen zunächst/zuerst erklären/mußt du damit beginnen, ihnen zu erklären...

Tu que queres, a Marília é assim — toda ela é um capricho. *Começa por* se entusiasmar loucamente por um projecto, e *acaba por* nunca levar nenhum até ao fim.

Was willst du machen, (die) Marília ist so — die besteht nur aus Launenhaftigkeit. Am Anfang entwickelt sie für ein Projekt eine geradezu verrückte Begeisterung und am Ende führt sie kein einziges (bis zuende) durch.

Nunca vi mais estroina do que o Jorge. Aquilo vai acabar mal.
— Talvez se modifique... Nunca ouviste dizer que muitos santos *começaram por ser* estroinas?

Nie habe ich einen leichtsinnigeren Menschen gesehen als (den) Georg. Das wird übel ausgehen/enden. — Vielleicht ändert er sich. Hast du nie gehört, daß viele Heilige am Anfang Leichtfüße waren?

cf. **antes de mais nada fazer** — zunächst einmal machen

Se queres que compreendam o que dizes, tens *antes de mais nada* que *explicar-lhes...*

Wenn..., mußt du ihnen zunächst einmal erklären...

conseguir fazer qc.

1. es gelingt jem., etw. zu tun/(etw. zu tun gelingt jem.)
2. es schaffen, etw. zu tun

1. Então, sempre *conseguiste descobrir* o que ela queria dizer com aqueles sinais misteriosos?

   Nun, ist es dir doch gelungen herauszubekommen/herauszukriegen/dahinterzukommen, was sie mit diesen geheimnisvollen Zeichen sagen wollte?

2. Nem que queiras, não *consegues fazer* essa tradução em três dias.

   Auch wenn du es willst/wolltest/Sogar/selbst, wenn du es wolltest, du schaffst es nicht, diese Übersetzung in drei Tagen zu machen.

qc. **consiste em** fazer qc.

etw. besteht darin, etw. zu tun/daß man etw. tut

Toda a política *consiste em saber* não dizer o que se pensa.

Alle Politik besteht darin, nicht zu sagen, was man denkt/daß man es versteht, nicht zu sagen, was man denkt.

continuar a fazer qc.

1. fortfahren, etw. zu tun; etw. weiter tun
2. fortfahren, etw. zu tun; etw. weiterhin tun

1. Ele parou um momento, mas *continuou* logo *a ler*.

   Er stockte einen Augenblick/Moment, aber fuhr dann gleich fort zu lesen/las dann gleich/sofort weiter.

2. Se *continuas a dar* estalinhos com os dedos dessa maneira enervante, dou-te um estalo. Pára com isso!

   Wenn du fortfährst, derart aufregend mit den Fingern (auf die Tischplatte/...) zu trommeln/wenn du weiterhin derart... trommelst, knalle ich dir eine/haue ich dir eine runter/gebe ich dir eine Ohrfeige. Hör' damit auf!

continuar (com...) fazendo qc.

(mit etw.) fortfahren, indem man etw. tut

Ele começou o discurso fazendo alusão à situação política actual; depois *continuou exaltando* as qualidades de certos partidos, e finalmente terminou...

Er begann die Rede, indem er eine Anspielung auf die gegenwärtige politische Lage machte; dann fuhr er fort, indem er die Qualitäten gewisser Parteien überschwenglich lobte, und er endete schließlich...

correr a fazer qc. | 1. zu/in/... laufen und etw. tun
2. sofort etw. tun; ganz eilfertig etw. tun; sofort bereit sein, etw. zu tun

1. *Corre a dizer* à mãe que venha cá depressa, o tio João está ao telefone e quer falar-lhe.

Lauf schnell zu deiner Mutter/(zur Mama) und sag ihr, sie soll schnell/rasch herkommen, (der) Onkel Hans ist am Telephon und will mit ihr sprechen.

2. Vocês é que o estragam! Basta ele bater o pé, logo todos *correm a dar-lhe* o que ele quer.

Ihr verzieht ihn! Er braucht nur nachdrücklich/(trotzig/eigensinnig) etwas zu verlangen, und sofort geben ihm alle/sofort sind alle bereit ihm zu geben/sofort geben ihm alle ganz eilfertig, was er will.

costumar fazer qc. | etw. zu tun pflegen

Costumas ir ao cinema ao domingo?
— Não, não tenho dia certo.

Pflegst du am Sonntag ins Kino zu gehen?
— Nein, ich habe keinen festen Tag (an dem ich ins Kino gehe).

A minha avó *costumava contar-me* que no tempo dela se comia uma semana inteira por um tostão.

Meine Großmutter pflegte mir zu erzählen, daß man zu ihrer Zeit für einen Tostão eine ganze Woche lang essen konnte.

cf. **apanhar** (agora/...) **o costume de** fazer qc. | (jetzt/...) sich (da so) angewöhnen, etw. zu tun

Apanhaste agora esse costume de meter o dedo no nariz! Mas que coisa feia!

Du hast dir da jetzt so angewöhnt, den Finger in die Nase zu stecken! Das ist wirklich häßlich!/(Wie häßlich!).

dar em qc.
(alg. **deu em** fazer qc.) | die (seltsame / kuriose / abzulehnende/...) Gewohnheit angenommen haben, etw. zu tun; angefangen haben, etw. zu tun (was seltsam/... ist)

Depois da desilusão com a Helena, ele *deu em beber.*

Nach der Enttäuschung mit Helene hat er angefangen zu trinken/hat er die Gewohnheit angenommen zu trinken.

Dantes costumava dar argumentos; agora *deu em gritar.*

Früher pflegte er Argumente zu geben/gab er gewöhnlich Argumente/pflegte er zu argumentieren; jetzt hat er die Gewohnheit angenommen zu schreien.

O Pedro, que sempre tinha sido um rapaz sério e cheio de qualidades, *deu em andar* pelas ruas a pedir esmolas.

(Der) Peter, der (doch) immer ein anständiger Junge war, voller guter Eigenschaften, hat die Gewohnheit angenommen, auf den Straßen zu betteln.

Imagina, disse a velhota, imagina, Maria Amélia, a Fernanda, durante anos uma esposa exemplar, *deu* agora *em fazer* teatro.

Stell' dir das bloß/nur vor, sagte die Alte, stell' dir bloß/nur vor, Maria Amélia, (die) Fernanda, die jahrelang/Jahre hindurch eine vorbildliche Ehefrau war, hat jetzt angefangen, Theater zu spielen/spielt jetzt Theater.

cf. **dá-me/te/... para** fazer qc.

1. + plötzlich steht jem. der Sinn danach, etw. (Abwegiges/Seltsames) zu tun/steht jem. der Sinn nach...; plötzlich die Tour haben, etw. zu tun
2. (unerwartet) die (seltsame/abwegige/...) Gewohnheit annehmen, etw. zu tun; anfangen, etw. zu tun (was seltsam/... ist)

1. Parece incrível. Nesta idade e nas condições em que vive... — *deu-lhe agora para andar* a cavalo.

   Es ist kaum zu glauben! In diesem Alter und bei ihren Lebensbedingungen... steht ihr der Sinn plötzlich danach zu reiten/hat sie plötzlich die Tour zu reiten.

2. Já sabias? O Pedro, *deu-lhe* agora *para fazer* teatro.

   Wußtest du das schon? (Der) Peter hat jetzt angefangen, Theater zu spielen/spielt jetzt Theater.

decidir-se a fazer qc.

1. sich entscheiden, etw. zu tun
2. sich entschließen, etw. zu tun; (sich entscheiden, etw. zu tun)

1. Depois de hesitar uns meses *decidi-me a vender* a casa. Tinha que ser.

   Nachdem ich einige Monate (-lang) gezögert hatte, entschied ich mich, das Haus zu verkaufen. Es mußte (halt/einfach) sein.

2. Eu primeiro fiz de conta que não ouvia, mas depois sempre *me decidi a abrir-lhe* a porta.

   Zunächst tat ich so, als ob ich nicht hörte/als wenn ich nicht hörte/als hörte ich nicht, aber dann entschloß ich mich, ihm die Tür zu öffnen/(aber dann entschied ich mich,...).

estar decidido a fazer qc. — (fest) entschlossen sein, etw. zu tun

Já disse: *estou decidido a deixá-lo* estudar, quer tu queiras, quer não.

Wie ich schon sagte: ich bin (fest) entschlossen, ihn studieren zu lassen, ob du (nun) dafür bist oder nicht/ob du (nun) willst oder nicht.

deitar a correr/fugir — laufen/rennen/fliehen, was das Zeug hält

Quando vi que o dono do pomar tinha ido chamar a polícia, não estive com mais hesitações — pousei o saco das maçãs e *deitei a fugir*.

Als ich sah/als mir klar wurde, daß der Besitzer des Apfelgartens die Polizei holte/(die Polizei holen gegangen war), zögerte ich nicht mehr/(war kein Zögern mehr) — ich stellte den Sack mit den Äpfeln auf den Boden und rannte weg, was das Zeug hielt.

Havias de ver o miúdo quando ouviu dizer que o pai tinha chegado do Brasil — *deitou a correr* pelas escadas abaixo e só parou quando caiu nos braços dele!

Du hättest den Jungen sehen sollen, als er hörte, daß sein Vater von Brasilien zurückgekommen war — er rannte die Treppen herunter/hinunter, was das Zeug hielt, und blieb erst stehen, als er ihm in die Arme fiel.

deixar alg. fazer qc. — 1. jen. etw. tun lassen 2. sich ... lassen

1. Quem é? O Paulo? *Deixa-o entrar.*

   Wer ist da? (Der) Paul? Laß ihn herein (-kommen)!

   Embora só membros do partido pudessem tomar parte nas sessões, o tio Carlos *deixou-me entrar.*

   Obwohl (eigentlich) nur Mitglieder der Partei an den Sitzungen teilnehmen durften, ließ mich Onkel Karl herein.

   Deixa-o fazer o que ele quer! Não adianta dar-lhe conselhos — ele assim como assim só faz o que entende.

   Laß ihn machen, was er will. Es führt zu nichts, ihm Ratschläge zu erteilen — er macht sowieso, was er für richtig hält.

   Deixa-a ralhar quanto ela quiser — ao fim duma hora está cansada e fica a pessoa mais calma do mundo.

   Laß sie schimpfen, so viel sie will — nach einer Stunde ist sie müde und dann ist sie der ruhigste Mensch der Welt.

2. Imagina tu que ele *deixou roubarem-lhe* o carro na frente do nariz.
   — Ouvi dizer que estava drogado.
   — Ah, bom, então percebo.

Stell' dir vor, er hat sich den Wagen direkt vor seiner Nase stehlen lassen!
— Ich habe gehört, er stand unter dem Einfluß von Drogen.
— Ah, gut, dann versteh' ich.

... Aquela parva foi ao mercado comprar fruta, e trouxe-a mais cara do que se fosse no supermercado!
— Então ela *deixa-se enganar* assim?

... Dieses dumme Geschöpf ging zum Markt, um Obst zu kaufen, und es war teurer, als wenn sie es im Supermarkt gekauft hätte.
— Läßt sie sich derart übers Ohr hauen?

Repara como ele chegou cansado do trabalho! *Deixou-se cair* no sofá, e ali está ele, meio apático...

Schau dir (das) an, wie erschöpft er von der Arbeit gekommen ist. Er hat sich aufs Sofa fallen lassen und da sitzt er nun, halb apathisch...

deixar de fazer qc.

1. aufhören, etw. zu tun; etw. nicht mehr tun
2. damit Schluß machen, etw. zu tun; aufhören, etw. zu tun; etw. nicht mehr tun
3. davon Abstand nehmen, etw. zu tun
4. etw. nicht mehr tun
5. etw. (Arbeit/Beschäftigung/...) auf sich beruhen lassen/unterbrechen
6. damit aufhören, etw. zu tun.
7. aufhören, etw. zu tun

1. A máquina *deixou de funcionar* há três ou quatro dias.

Vor drei, vier Tagen (hat die Maschine aufgehört zu funktionieren)/seit... funktioniert die Maschine nicht mehr.

Parece que ele *deixou de trabalhar* como tradutor/que já não trabalha como...

Es scheint, daß er aufgehört hat, als Übersetzer zu arbeiten/daß er nicht mehr als Übersetzer arbeitet.

Lá por ser casado *não deixou de gostar* da Armanda. O primeiro amor nunca morre...

Weil er verheiratet ist, hat er nicht aufgehört, (die) Armanda zu lieben. Die erste Liebe stirbt nie...

2. Se *deixares de te encontrar* com aquele tipo, eu esqueço tudo e volto a ajudar-te como sempre.

Wenn du damit Schluß machst/(endlich) aufhörst, dich mit diesem Kerl zu treffen,/wenn... du dich nicht mehr... triffst, vergesse ich alles und helfe dir wieder wie vorher.

3. Afinal, *deixei de concorrer* para aquele lugar para poder ajudar-te e agora tu dás-me um pontapé no rabo.

Da habe ich davon Abstand genommen, mich um die Stelle zu bewerben, um dir helfen zu können, und jetzt gibst du mir so einen Nackenschlag/ (einen Tritt in den Hintern).

Deixei de o ajudar. Primeiro, porque ele é uma pessoa muito ingrata, e depois porque não faz absolutamente nada para modificar a sua situação.

Ich habe davon Abstand genommen, ihm zu helfen/(ich helfe ihm nicht mehr). Einmal, weil er ein sehr undankbarer Mensch ist, und zum andern/und dann, weil er absolut nichts/gar nichts/überhaupt nichts/aber auch gar nichts tut, um seine Lage zu ändern.

4. O tipo agora deixa-te em paz? — Deixa. Há umas duas semanas *deixou de me aborrecer.*

Läßt dich der Kerl jetzt zufrieden? — Ja. Seit etwa zwei Wochen belästigt er mich nicht mehr.

Tu ajudaste o meu irmão durante anos seguidos, porque é que agora *deixaste de o ajudar?*

Jahrelang hast du meinem Bruder geholfen. Warum hilfst du ihm jetzt nicht mehr?

Parece que ele *deixou de se interessar* pela música moderna.

Es scheint, er interessiert sich nicht mehr für moderne Musik.

Desde há muitos anos que as crianças *deixaram de jogar* futebol neste relvado.

Schon seit Jahren spielen die Kinder auf dieser Wiese kein Fußball mehr.

5. Imagina, *deixei de fazer* a composição e tudo o que tinha que fazer para correr para a Estação, e afinal ela não veio.

Stell' dir vor, ich habe den Aufsatz und alles, was ich zu tun hatte, auf sich beruhen lassen, um zum Bahnhof zu laufen, und da kommt sie nicht.

6. Só te conto a história, se *deixares de me chatear.*

Ich erzähle dir die Geschichte nur, wenn du damit aufhörst, mich zu ärgern.

Se *deixares de me chatear,* eu ajudo-te.

Wenn du damit aufhörst, mich zu ärgern, helfe ich dir.

7. Ele estava sempre a interromper-me, a desafiar-me, e de repente *deixou de me irritar,* começou a falar muito naturalmente comigo — como nada tivesse acontecido.

Er unterbrach mich dauernd, reizte mich dauernd, und plötzlich hörte er auf, mich zu ärgern, begann, mit mir ganz natürlich zu sprechen — so, als wenn nichts gewesen wäre/ als sei nichts gewesen/als wäre nichts gewesen.

não deixar de fazer qc.

1. (es) nicht unterlassen, etw. zu tun; (es) nicht vergessen, etw. zu tun
2. schon etw. tun; in der Tat etw. tun; wirklich etw. tun
3. schon etw. tun; (schon) etw. tun — das läßt sich wirklich nicht leugnen / das muß man schon sagen

1. Porta-te bem, e tem cuidado, não saias à noite, uma cidade grande é perigosa...
— Está bem, Mãe, pronto, basta de recomendações!
— Ah, é verdade, *não deixa de ir visitar* o tio João. Ele ficava ofendido se não aparecesses!
— Ufa!

Benimm dich vernünftig und sei vorsichtig, geh' nicht nachts aus, eine große Stadt hat ihre Gefahren...
— Ist gut, Mutter, also, genug der Ermahnungen!
— Ah, ist wahr, vergiß nicht/(unterlaß nicht), Onkel Hans zu besuchen. Er wäre beleidigt, wenn du nicht erscheinen würdest.
— Uff!

2. Confesso, *não deixou de* me *surpreender* a pressa dele! Mas que a razão fosse tão grave, eu nunca supus...

Ich gestehe, seine Eile hat mich schon/in der Tat/(wirklich) überrascht. Aber daß der Grund derart ernst war, hätte ich nie vermutet.

3. Isso *não deixa de ter* a sua graça! Então agora fui eu que o impedi de continuar a estudar. Essa está boa!

Das ist schon amüsant / das ist (schon) amüsant, das läßt sich wirklich nicht leugnen/das muß man schon sagen! Jetzt war i c h es also, der ihn daran gehindert hat weiterzustudieren? Das ist aber gut!

desatar a rir/gritar/berrar/chorar/correr/chover/...

los- lachen/ -brüllen/ -schimpfen/ -heulen/ -rennen/ -platschen/...

De repente *desatou a rir/gritar/berrar/chorar,* assim sem mais nem menos. Não seis que bicho lhe mordeu.

Plötzlich lachte/brüllte/schimpfte/heulte er los, ohne jeden ersichtlichen Grund. Ich weiß nicht, was (plötzlich) in ihn gefahren war.

O verão na Alemanha é um horror! Está muio bonito. e de repente *desata a chover,* sem a gente contar.

Der Sommer in Deutschland ist etwas Fürchterliches. Es ist schönes Wetter, und plötzlich platscht es los/(besser: mitten im schönsten Wetter platscht es plötzlich los), ohne daß man damit rechnet.

alg. deseja fazer qc.

1. j. möchte / will etw. tun
2. j. will etw. tun; j. hat den Wunsch, etw. zu tun

1. Bem, eu vou-me embora. *Deseja dar-me* algum recado para a sua mãe?

   Also, ich gehe. Möchten/wollen Sie, daß ich Ihrer Mutter etwas ausrichte?

2. Ela *desejou* sempre ardentemente *ser* freira. Agora, finalmente, cumpre-se o seu desejo

   Sie wollte immer brennend gern Ordensschwester werden/sie hatte immer den brennenden Wunsch, Ordensschwester zu werden. Jetzt geht ihr Wunsch endlich in Erfüllung.

alg. desejava fazer qc.

j. würde gern(e) etw. tun

Deseja alguma coisa? — Sim, *desejava saber* se é aqui que mora a Sr.ª D. Fernanda Dias da Silva.

Wünschen Sie etwas (von mir)? — Ja, ich würde gern(e) wissen, ob Frau Fernanda Dias da Silva hier wohnt.

desistir de fazer qc.

1. es aufgeben, etw. zu tun
2. eine Bewerbung/... zurückziehen

1. *Desisti de tentar* traduzir este texto; é dificílimo.

   Ich habe es aufgegeben zu versuchen, diesen Text zu übersetzen; er ist äußerst schwer.

   Desisti de lhe dar conselhos. Você sabe muito bem o que deve e não deve fazer.

   Ich habe es aufgegeben, Ihnen Ratschläge zu erteilen. Sie wissen (doch) (selbst) sehr gut, was Sie zu tun und zu lassen haben.

   Eu já *desisti de educar os filhos!* Por mais que eu diga e ralhe, continuam a deixar tudo desarrumado, a vir para casa fora de horas, enfim, estou farto!

   Ich habe es aufgegeben, die Kinder zu erziehen. So viel ich auch schimpfe, sie haben nach wie vor alle Sachen durcheinander, kommen zu unmöglichen Zeiten nach Hause... kurz, ich bin's satt!

2. Ele *desistiu de concorrer* para o lugar de assistente. Parece que tem outros planos.

   Er hat seine Bewerbung für die Assistentenstelle zurückgezogen. Es scheint, er hat andere Pläne.

dever fazer qc.

1. etw. tun müssen; (die Pflicht haben, etw. zu tun)
2. etw. tun sollen
3. etw. wohl tun; etw. wohl tun werden
4. etw. bestimmt tun; j. muß (wohl)/ dürfte etw. tun

1. Ó Carlos, tu afinal não aumentas o ordenado do João? Nós tínhamos prometido isso no ano passado...
— Olha, Fernanda, as pessoas *devem compreender* que a situação do país não permite aumentos... Também o João tem obrigação de perceber isso.

Ach, Karl, gibst du dem Hans doch keine Lohnerhöhung? Wir hatten das im vergangenen Jahr versprochen...
— Hör' zu, Fernanda/schau, Fernanda, die Leute müssen verstehen, daß die (augenblickliche) Lage in unserem Land keine Lohnerhöhungen gestattet. Auch der Hans hat die Pflicht, das zu verstehen/muß das verstehen.

Eu *devia trabalhar* ainda umas duas ou três horas se quero acabar hoje isto — mas não estou para isso; estou farto!

Ich müßte (eigentlich) noch drei oder vier Stunden arbeiten, wenn ich heute damit fertigwerden will — aber ich habe keine Lust dazu/(aber ich bin dazu nicht gewillt); ich bin es (einfach) leid/satt.

Tu no fundo *devias ajudá-lo.* Ele fez-te tantos favores, ajudou-te sempre que precisaste de ajuda — que tu *devias,* agora que ele está a precisar de apoio, *ajudá-lo* também.

Eigentlich/im Grunde müßtest du ihm helfen. Er hat dir so oft einen Gefallen getan, er hat dir immer geholfen, wenn du Hilfe brauchtest — daß du jetzt, wo er Unterstützung braucht/nötig hat, ihm ebenfalls helfen müßtest.

Não acho bem ele ter despedido um empregado tão antigo num momento de fúria. *Devia tê-lo* ouvido, pelo menos.

Ich finde es nicht richtig, daß er einen so langjährigen Angestellten in einem Moment der Wut entlassen hat. Er hätte ihn zumindest/wenigstens anhören müssen.

2. Tu não *devias chateá-lo* tanto. Ele anda tão nervoso...

Du solltest ihn nicht so aufregen/ du solltest es (nach Möglichkeit) vermeiden, ihm auf die Nerven zu gehen. Er ist so nervös in letzter Zeit...

3. Tu sabes quando o Paulo volta?
— Não sei assim muito bem, mas ele *deve chegar* por volta das oito, calculo.

Weißt du wann der Paul zurückkommt?
— (So) genau weiß ich es nicht, doch so um sechs wird er wohl hier sein/ankommen/doch so um sechs ist er wohl hier, nehm' ich an.

4. Telefona para casa do Jorge a perguntar se ele já chegou.
— Já *deve ter chegado.* Ele saiu daqui há mais de uma hora.

Ruf' mal bei Georg an, ob er schon (zu Hause) angekommen ist.
— Er muß schon angekommen sein/er ist bestimmt schon angekommen/er dürfte schon angekommen sein. Er ist vor mehr als einer Stunde hier weggegangen.

cf. não **dever** fazer qc. — etw. nicht tun dürfen

... Não, *não deves dizer* isso! Ele realmente é muito chato, mas é muitíssimo boa pessoa.

...Nein, das darfst du nicht sagen. Er geht einem in der Tat sehr auf die Nerven, aber er ist ein äußerst gütiger Mensch.

Não deves passar a vida a lamentar os erros passados.

Du darfst (jetzt) nicht dein ganzes Leben lang (nur) beklagen, was du in der Vergangenheit falsch gemacht hast.

disparar a correr/dizer palavrões (?)/berrar (?) — los-rennen /...?

Tu viste aquilo? Que susto ele deve ter apanhado ao ouvir as sirenes da polícia — *disparou a correr* por ali abaixo, só parou ao fundo do monte.

Hast du das gesehen? Er muß vielleicht einen Schrecken gekriegt haben, als er die Sirenen der Polizei hörte — er rannte los, darunter, und blieb erst unten am Fuß des Berges stehen.

dispor-se a fazer qc. — sich dazu bewegen lassen, etw. zu tun (oft iron.); (wohl) Lust haben, etw. zu tun

Então, quando *te dispões a* vir-me visitar?

Nun, wann läßt du dich dazu bewegen, mich zu besuchen/wann hast du (wohl) Lust, mich zu besuchen?

(não) **estar disposto a** fazer qc. — (nicht) dazu gestimmt sein, etw. zu tun; (keine) Lust haben, etw. zu tun

Estás hoje *disposto a ajudar-me* a pintar a casa, ou ainda não é desta vez?

Bist du heute dazu gestimmt/hast du heute Lust, mir zu helfen, das Haus/die Wohnung anzustreichen? Oder muß ich (auf den Tag) noch länger warten?

esperar fazer qc./poder fazer qc. — hoffen, etw. zu tun / etw. tun zu können

Quando me entregas o vestido pronto?
— *Espero poder entregá-lo* no fim desta semana.

Wann hast du das Kleid fertig und bringst es mir? — Ich hoffe, es Ende der/dieser Woche vorbeibringen zu können.

estar a fazer qc.

1. etw. tun
2. gerade etw. tun; gerade dabei sein, etw. zu tun; beim... subst. Inf. ... sein; (am ... subst. Inf. ... sein)
3. dabei sein, etw. zu tun
4. a. sofort/gleich/jeden Augenblick etw. tun
   b. kurz vor... subst. Inf. stehen

1. Mas o que *está a fazer* a Renata? A gente nem a ouve! — *Está a ler* o livro novo. Deixa-a ler, ainda hás-de ter saudades de não a ouvir.

   Was macht denn die Renate? Die hört man ja gar nicht.— Die liest in ihrem neuen Buch. Laß sie (man) lesen, du wirst dich noch danach sehnen, sie nicht zu hören.

2. Quando telefonei para os Brinkmann, eles *estavam a almoçar.* O sr. Brinkmann pediu-me por isso para falar outra vez daí a uma hora.

   Als ich bei Brinkmanns anrief, aßen sie gerade/waren sie gerade dabei zu essen/waren sie (gerade) beim Essen/(waren sie (gerade) am Essen). Herr Brinkmann bat mich deshalb, in einer Stunde nochmal anzurufen.

3. Olá, Erika, que tal vai isso? E o Paulo? — Hm, vai andando, *está* (agora) *a preparar-se* para a sua nova profissão. Só mais quatro meses, e lá vai ele para França, como intérprete duma fábrica de aços.

   Holla, Erika, was macht die Kunst?/wie geht's? Was macht Paul/wie geht's Paul? — Hm, so la la; er ist (gerade) dabei, sich auf seinen neuen Beruf vorzubereiten. Nur noch vier Monate, dann geht er nach Frankreich, als Dolmetscher einer Stahlfabrik.

4a. Cuidado, senhores passageiros, o comboio *está a chegar.*

Vorsicht (an der Bahnsteigkante...), der Zug fährt gleich ein.

Mas agora esperaste tanto tempo...; não vale a pena ires embora agora. O Pedro *está a chegar.*

Aber jetzt hast du so lange gewartet... jetzt hat es (doch) keinen Sinn, daß du gehst. (Der) Peter kommt (bestimmt) gleich/kommt jeden Augenblick.

Sabes a que horas chega o Manuel?
— *Deve estar* por aí *a aparecer.* O futebol já acabou e ele queria vir a seguir ao desafio para casa.

Weißt du, (um) wieviel Uhr Manuel kommt?
— Er muß jeden Augenblick erscheinen. Das Fußballspiel ist schon aus, und er wollte nach dem Spiel nach Hause kommen.

b. Este muro *está a cair.* — *Está a cair* há 20 anos e nunca caiu!

Diese Mauer steht kurz vor dem/vorm Einstürzen. — Die steht seit 20 Jahren kurz vorm Einstürzen und ist nie eingestürzt.

Zu 1:

a) Que *estás* para aí *a rir-te,* feito parvo? Não há razão nenhuma para rir.

Was lachst du da so blöd? Es gibt überhaupt/gar keinen Grund zum Lachen.

Ora, seu aldrabão!
— Palavra que não *estou a mentir!* Eu vi-a, com estes olhos que Deus me deu!

Oh, du Schwindler/(Lügner)!
— Ehrlich, ich lüge nicht! Ich habe sie gesehen, mit meinen eigenen Augen/so wahr ich hier sitze/stehe.

Tu *estás a brincar?!*
— A brincar? Nem por sombras. É a sério que te faço esta proposta.

Du scherzt?!
— (Ich scherze?) Keineswegs/mitnichten! Ich mache dir diesen Vorschlag im Ernst!

b) *Está* sempre *a chover* nesta terra! Se ao menos uma vez por mês o sol brilhasse de manhã à noite!

In diesem Land regnet es aber auch immer! Wenn doch wenigstens einmal im Monat von morgens bis abends die Sonne schiene!

Agora acabou! Que mania de *estar* sempre *a passar* pela sala e *a interromper* a conversa dos adultos!

Jetzt ist Schluß! Was für eine Manie, immer/andauernd durch das Zimmer zu laufen und die Unterhaltung der Erwachsenen zu unterbrechen!

Lembras-te da Anabela?
— Se me lembro! Parece que ainda *estou a ouvir* a voz arrastada dela..., nas tardes quentes...

Erinnerst du dich noch an Anabela?
— Und ob! Ich habe ihre schleppende Stimme noch im Ohr,... an den heißen Nachmittagen...

c) Tem cuidado, Carlos! Tu *estás a meter-te* numa tal encrenca com isso! Previno-te! Não te fies no tipo, diz-lhe que vais primeiro estudar o assunto com os teus colegas.

Paß auf, Karl!/Sei vorsichtig, Karl! Du bringst dich (da) in eine ganz dumme Lage/ du *bist im Begriff,* (da) (ganz schön) ins Fettnäpfchen zu treten/du kommst (da) in Deubels Küche/*du bist dabei,* dich in eine ganz dumme Sache einzulassen! Ich warne dich. Vertrau' dem Kerl nicht, sage ihm, daß du die Sache erst mit deinen Kollegen besprichst.

d) E quem é que lhe disse que eu não gostava de ... — Bem, eu *estou a falar* pelo que vi... Se não é assim...

Und wer hat Ihnen gesagt, ich würde nicht gern... — Nun, ich halte mich (bei dem, was ich sage) nur an das, was ich gesehen habe... Wenn dem nicht so ist...

e) Autono... As folhas *(estão) a cair...*

(Es ist) Herbst... Die Blätter fallen von den Bäumen...

cf. **estar em crer** + jem. scheint; + jem. will scheinen

Estou em crer que o Filipe não vai manter o compromisso dele, em entrar no negócio.
— Então porquê?
— Não sei, mas acho-o tão reservado, ultimamente.

Mir scheint/mir will scheinen, der Philipp wird nicht bei seiner Verpflichtung bleiben, in das Geschäft einzutreten/bei dem Geschäft mitzumachen.
— Wieso?
— Ich weiß nicht. Aber ich finde ihn in letzter Zeit so reserviert.

cf. **estar em dizer**
1. + jem. scheint, ...
2. + j. würde sagen, ...

1. Tu viste o Jorge?
— Eu *estou em dizer* que lhe ouvi há bocado a voz lá em baixo, mas a certeza não tenho.

Hast du (den) Georg gesehen?
— Mir scheint, ich habe eben seine Stimme da unten gehört, aber sicher bin ich nicht.

2. Não sei que vamos fazer com o rapaz, não quer estudar, não gosta de aprender...
— *Eu estou quase em dizer* que a gente o ponha a trabalhar...

Ich weiß nicht, was wir mit dem Jungen machen/machen sollen; er will nicht studieren, nicht lernen...
— Ich würde (fast) sagen, er muß arbeiten gehen/wir stecken ihn in einen Beruf.

a questão/dúvida/... **está em** fazer qc. — die Frage/ der Zweifel/... besteht darin, daß man etw. (nicht) tut / etw. (nicht) zu tun

A dúvida não *está em ter* ou não *ter confiança* em ti pessoalmente. A dúvida *está em saber* se o Estado te concede a verba a ti.

Der Zweifel besteht nicht darin, daß man in dich persönlich Vertrauen oder kein Vertrauen hat/Vertrauen oder kein Vertrauen in dich persönlich zu haben. Der Zweifel besteht (vielmehr) darin, daß man nicht weiß/nicht zu wissen, ob der Staat (gerade) d i r das Geld bewilligt.

estar para fazer qc.
1. in aller Kürze etw. tun; schon sehr bald etw. tun
2. (sehr) bald etw. tun werden; +es dauert nicht lange, bis j. etw. tut/dann tut j. etw.
3. ich wollte/du wolltest/...schon...

1. Se queres fechar o negócio com ele, não percas tempo. Ele *está para partir* para o estrangeiro — já nesta ou na próxima semana.

Wenn du das Geschäft mit ihm abschließen willst, dann verlier' keine Zeit. Er fährt in aller Kürze/schon sehr bald ins Ausland — schon in dieser oder der nächsten Woche.

2. O António e a Manuela voltaram a marcar hoje um encontro.
—Então aí há ou *está para haver* qualquer coisa.

Tonio und Manuela haben heute wieder ein Rendezvous vereinbart.
— Dann gibt es bestimmt etwas zwischen ihnen, oder es dauert nicht lange, bis es etwas gibt/dann gibt es bestimmt etwas zwischen ihnen oder es wird (sehr) bald etwas zwischen ihnen geben.

3. Eu *estive para* te *falar* ontem, mas...

Ich wollte dich gestern schon anrufen, aber...

estar (mesmo) para fazer qc. — drauf und dran sein, etw. zu tun

Ele *esteve mesmo para* lhe *pregar* uma bofetada.

Er war drauf und dran, ihm eine Ohrfeige zu verpassen.

Eu *estive para dizer* ao meu Pai que a minha irmã mais nova já tem um namoro. Mas depois pensei melhor e não disse nada. A miúda que namore à vontade, coitada.

Ich war drauf und dran, meinem Vater zu sagen/ich hätte meinem Vater fast/ beinahe gesagt, daß meine jüngere Schwester schon einen Freund hat. Aber dann besann ich mich eines besseren und sagte nichts. Die Kleine soll Freunde haben, wie es ihr paßt (was soll ich ihr das verderben/kaputtmachen?).

Cf. *Pouco faltou* ontem *para* eu te *ter falado.* Mas...

Ich hätte dich gestern beinahe/fast angerufen. Aber...

cf. *Por pouco* ele *tinha*-lhe *pregado* uma bofetada!

Es fehlte nicht viel, und er hätte ihm eine Ohrfeige verpaßt.

cf. Ele *ia pregar-lhe* uma bofetada, mas...

Er wollte ihm schon eine Ohrfeige verpassen/war im Begriff, ihm eine Ohrfeige zu verpassen, aber...

cf. ainda estar para saber/acontecer/... — + (zunächst /...) muß j. noch herauskriegen/ etw. noch geschehen/... (noch herausgekriegt werden/geschehen/... müssen; es steht noch aus, daß j. erfährt/geboren wird)

Vá, mãe, então quando é que comemos o bolo?
— Comer o bolo? *Ainda está para (se) saber* quem me foi tirar os rebuçados à gaveta. Só depois de eu descobrir o ratoneiro é que distribuo o bolo.

Los, Mutti, wann essen wir endlich den Kuchen?
— Den Kuchen? Zunächst muß ich (noch) herauskriegen/erfahren/wissen, wer mir die Bonbons aus der Schublade herausgenommen hat. Erst wenn ich den Spitzbuben entdeckt habe, teile ich den Kuchen auf.

Ainda está para nascer o figurão que me consiga enganar.

Der Schurke, dem es gelingt, mich hinters Licht zu führen, muß noch geboren werden.

cf. **ainda estar para durar**/... j. stirbt noch nicht (j. ist so geartet, daß er noch nicht stirbt)/...

O quê, a tua avó já tem 86 anos?
— Já, mas *ainda está para* durar.

Was, deine Großmutter ist schon 86 (Jahre alt)?
— Ja, aber sie stirbt noch nicht.

(já) estar para fazer qc. desde que/desde há/... schon seitdem/seit/... etwas tun wollen/zu tun vorhaben

Vou hoje aos saldos, queres vir?
— Ai vou, vou! *Já estou para ir* lá *desde que* começaram e tive sempre preguiça. Mas contigo, vou.

Ich gehe heute zum Sommer-/Winterschlußverkauf; willst du mitgehen/gehst du mit?
— Oh ja, gern. Schon seidem sie angefangen haben, will ich dahingehen/habe ich vor dahinzugehen; ich war (aber) immer zu faul. Aber mit dir gehe ich (hin).

não estar para fazer qc. keine Lust haben/nicht gewillt sein/nicht geneigt sein, etw. zu tun

Eu *não estou para aturar* as suas eternas malcriadices!

Ich habe keine Lust/bin nicht gewillt/geneigt, mir seine ewigen Unverschämtheiten gefallen zu lassen.

Não estou para ficar à noite em casa. Se vais jantar fora sozinho, eu vou com o Klaus ao cinema.

Ich habe keine Lust /(bin nicht geneigt/bin nicht gewillt), heute abend allein zu Hause zu bleiben. Wenn du allein draußen essen gehst, gehe ich mit Klaus ins Kino.

estar vai não vai para fazer qc. drauf und dran sein, etw. zu tun; nahe daran sein, etw. zu tun

Ontem *estive vai não vai para* te *falar*, mas...

Gestern war ich drauf und dran/nahe daran, dich anzurufen, aber...

(ainda) estar por fazer

1. noch gemacht werden müssen
2. sich noch ... müssen; noch nicht gemacht sein
3. noch zu machen sein

1. Ó Isabel, isto tem algum jeito? São 3 horas da tarde e a tua cama ainda *está por fazer.*

   Oh, Isabel was ist denn das? Es ist drei Uhr (nachmittags), und dein Bett muß noch gemacht werden/ist noch nicht gemacht.

   Ainda *está por inventar* o remédio que cure uma paixão infeliz.

   Das Medikament, das eine unglückliche Leidenschaft heilt, muß noch erfunden werden.

2. Tu não me digas! 10 horas e a Hilda *está ainda por vestir!*
   — Então? Tu não *estás por pentear?*

   Unmöglich! 10 Uhr, und Hilde muß sich noch anziehen/und Hilde ist noch nicht angezogen!
   — Und dann? Mußt du dich nicht auch noch kämmen?

3. Vens ao cinema conosco? — Ao cinema? Não tenho tempo. Todas as traduções que me entregaram ontem, *estão* (ainda) *por fazer.*

   Kommst du mit ins Kino? — Ins Kino? Ich hab' keine Zeit. Es sind noch alle Übersetzungen zu machen, die man mir gestern gegeben hat.

cf. qc. **está no facto de** (não) haver/... etw. liegt darin, daß es (nicht) gibt/...

A dificuldade desta tradução *está no facto de* não *haver* termos equivalentes nas duas línguas.

Die Schwierigkeit dieser Übersetzung liegt darin, daß es in den beiden Sprachen keine Termini gibt, die sich entsprechen.

fazer alg. fazer qc.
(cf. **deixar** alg. fazer qc.)

1. jen. tun lassen; (jen. tun machen)
2. etw. tun lassen; veranlassen/ anordnen/..., daß etw. getan wird
3. jen. dazu bringen, etw. zu tun

1. Fecha lá o rádio. Estas cantigas do tempo da guerra *fazem-me arrepiar.*

   Stell' das Radio ab. Diese Lieder aus der Kriegszeit lassen mich schaudern/(machen mich...).

   Enquanto são pequenos, os filhos *fazem-nos* andar e correr dum lado para o outro.
   — Deixa-lá, não nos deixam envelhecer.

   Wenn sie klein sind. lassen uns die Kinder von einer Ecke zur anderen laufen (eher: halten uns die Kinder beständig auf Trapp).
   — Laß' man, so (lassen sie uns nicht alt werden)/halten sie uns jung.

Ela queria que a deixassem morrer, mas os médicos *fizeram-na vomitar* os medicamentos todos que tinha engolido.

Sie wollte, daß man sie sterben ließ, aber die Ärzte ließen sie alle/(die ganzen) Medikamente, die sie genommen hatte, wieder ausspucken/erbrechen (eher: ... Ärzte gaben ihr etwas, sodaß sie... wieder ausspuckte/ erbrach).

2. Imagina tu que aquela cabra me *fez limpar* as escadas duas vezes, porque no terceiro degrau conseguiu descobrir um grão de arroz.

   Stell' dir vor, diese Ziege hat mich die Treppe zweimal putzen lassen/hat mir befohlen, die Treppe zweimal zu putzen, weil es ihr gelang, auf der dritten Stufe ein Reiskorn zu entdecken.

3. Tu *fazes-me* sempre *perder* a cabeça com os teus esquecimentos.
   — Pronto, pronto, não te exaltes, eu não volto a esquecer-me de nada.

   Du bringst mich immer (wieder) dazu, daß ich (geradezu) den Kopf verliere (eher: du machst mich... verrückt), mit deinem dauernden Vergessen.
   — Gut, schon gut, reg' dich nicht auf, jetzt werde ich nichts mehr vergessen.

   Tu *fazes-me rir,* ao dizer que...

   Du bringst mich zum Lachen, wenn du sagst, daß ...

cf. **não fazer mais do que fazer qc.**	bloß/lediglich/ nur etw. tun; nicht mehr machen als etw. (zu) tun

Tu que lhe disseste que ele ia tão zangado?
— Ora, *não fiz mais do que dizer-lhe* a verdade sobre o comportamento da mulher.

Was hast du ihm gesagt, daß er so wütend wegging? — Nun, ich habe ihm nur/bloß/lediglich die Wahrheit über das Verhalten seiner Frau gesagt/... ich habe nicht mehr gemacht als ihm die Wahrheit ... zu sagen.

(bem) **fazer por** fazer qc.	sich (alle) (erdenkliche) Mühe geben, etw. zu tun

Faz por chegar a horas, sim?! O meu pai fica sempre chateado quando se chega atrasado para as refeições.

Gib dir Mühe, pünktlich zu kommen, ja?! Mein Vater ist immer ärgerlich/sauer, wenn man zu den Mahlzeiten zu spät kommt.

Eu *bem fiz por me lembrar* do nome do poeta em questão, mas não houve meio de conseguir dizê-lo.

Ich gab mir alle (erdenkliche) Mühe, mich an den Namen des betreffenden Dichters zu erinnern, aber es gelang mir einfach nicht, ihn anzugeben.

ficar a fazer qc.

1. (dann/gestern/... noch etw. tun; noch bleiben, um etw. zu tun
2. ((jetzt (Gegenwart)/dann (Vergangenheit/Zukunft): (die ganze Zeit/den ganzen Tag (lang)/die ganze Woche (lang/hindurch)/ noch lange/noch länger/...)) etw. (zu) tun
3. (anfangen) etw. (zu) tun
4. dann etw. tun
5. vielleicht etw. tun/vielleicht anfangen, etw. zu tun (was, seiner Natur nach, anhält)

d. h. Grundbedeutung: von einem (bestimmten) Zeitpunkt an (beginnen) etw. (zu) tun — auf unbestimmte Zeit in die Zukunft hinein

1. Tu já vais indo; eu *fico* ainda *a preparar* os bolos.

   Du gehst schon einmal/mal (vor); ich bereite noch die Kuchen/Teilchen vor/ich bleibe noch, um die Kuchen/Teilchen vorzubereiten.

2. Depois de ele telefonar, ela *ficou* ainda muito tempo, de mão no auscultador, *a tentar* ouvir-lhe a voz...

   Nach seinem Anruf lauschte sie noch lange, die Hand am Hörer, seiner Stimme nach.../(suchte sie noch lange..., seine Stimme zu hören).

   A Susana poisou a mão na cabeça do filho e *ficou a acariciá-lo,* perdida em pensamentos.

   Susanne legte ihrem Sohn die Hand auf den Kopf und streichelte ihn, in Gedanken versunken/verloren...

   Eu sei que os comprimidos para dormir me tiram o sono, mas o certo é que, se não tomo agora um comprimido, *fico* toda a noite *a pensar* que não durmo, justamente por não o ter tomado. (Aus Langenscheidt, S. 175)

   Ich weiß, daß mir die Schlaftabletten den Schlaf nehmen/daß mich die Schlaftabletten nicht einschlafen lassen; aber es ist sicher, daß — wenn ich jetzt keine Tablette nehme — ich die ganze Nacht (lang/hindurch) (darüber nach-) denke, daß ich nicht schlafe, und zwar gerade deswegen, weil ich sie nicht genommen habe/daß ich gerade deswegen nicht schlafe, weil ich sie nicht genommen habe.

3. Eu só vi como eles se viraram subitamente um para o outro e *ficaram a desafiar-se* com o olhar. Depois foi tudo tão rápido que não cheguei a aperceber-me de nada.

   Ich sah nur, wie sie sich plötzlich einander zuwandten und sich einen herausfordernden Blick/herausfordernde Blicke zuwarfen. Dann war alles so schnell/geschah alles so schnell, daß ich nichts mitkriegte.

   Então, o Carlinhos já adormeceu?
   — Coitado, estava tão cansado que, mal o deitei, *ficou a dormir.*

   Nun, ist Karl/(Karlchen) schon eingeschlafen?
   — Der Ärmste! Er war derart müde, daß er, kaum hatte ich ihn hingelegt, einschlief/ daß er sofort (ein-) schlief, als ich ihn hinlegte.

O Jorge é uma simpatia! *Fiquei a gostar* dele logo que o vi.

(Der) Georg ist wirklich sympathisch. Ich habe ihn sofort, als ich ihn sah, gern gehabt.

4. Não te pintes desse modo! As pessoas *ficam a pensar* mal de ti.

Schminke dich nicht so (stark)! Dann denken die Leute schlecht über dich.

5. Coitada, quando o pai partiu para o Brasil, ela *ficou a chorar* que até fazia pena.

Die Ärmste/Arme! Als ihr Vater nach Brasilien fuhr, hat sie vielleicht geweint/geheult! Sie tat einem direkt leid.

Fiquei toda *a tremer* quando ouvi mexer na porta da rua àquelas horas da noite. Parece que eram ladrões.

Ich habe vielleicht gezittert/ich habe vielleicht angefangen zu zittern, als ich hörte, wie sich jemand zu dieser nächtlichen Stunde/so spät am Abend/so spät in der Nacht an der Haustür zu schaffen machte. Es scheint, es waren Einbrecher.

Zu 1 und 2:

A tarde estava linda. Subi aos montes e deitei-me de costas na caruna. *Fiquei* assim, tempos esquecidos, *a ouvir* murmurar o vento nas copas...

Der Nachmittag war herrlich. Ich stieg die Berge/Hügel hinauf, legte mich auf die Tannennadeln/Kiefernnadeln/... und hört/hörte dann — ich weiß nicht, wie lange — den Wind in den Baumkronen rauschen...

Tencionava nadar, porque o médico mandou. Mas o dia estava tão lindo, *fiquei* para ali deitada na areia, *a ouvir* murmurar as ondas...

Ich hatte vor zu schwimmen, denn der Arzt hatte es mir verordnet. Aber es war ein so schöner Tag; ich lag da im Sand und hörte dem Rauschen der Wellen zu...

Zu 2 und 3:

Na ideia do pequeno, a Avó, que só conheceu muito doente, *ficou a ser* para sempre a imagem viva da decadência.

Für den Jungen war seine Großmutter, die er nur krank gekannt hatte, für immer ein (lebendes) Bildnis des Verfalls.

cf. **ficar a pensar (em)** — (dann) (noch) eine ganze Weile/lange/... denken/(über etw.) nachdenken

Ontem *fiquei a pensar* naquilo que me disseste; acho que sempre tiveste razão.

Gestern habe ich noch eine ganze Weile/noch eine ganze Zeit/noch länger/noch lange über das, was du mir gesagt hast, nachgedacht; mir scheint, du hattest doch Recht.

Quando o Ivo me disse que a Manuela e o Zé tinham começado namoro, *fiquei a pensar* como é que isso era possível. O Zé dantes não podia ver a Manuela...

Als Ivo mir sagte, daß sich (die) Manuela und (der) José/(Joseph/Jupp) verliebt hatten, dachte ich darüber nach, wie das möglich war. Der Joseph konnte die Manuela früher nicht riechen...

fica/... a saber — laß dir/... gesagt sein; damit du's weißt/...

Pois *fica a saber* que o teu valioso primo não passa dum escroque.
— Ó tio Miguel! Um escroque? Não pode ser.

Also, laß dir gesagt sein/damit du's weißt: dein ehrenwerter Cousin ist nichts weiter als ein Gauner!
— Onkel Michael! Ein Gauner? Das kann (doch) nicht sein.

alg. **ficou de fazer qc.** — 1. + es war ausgemacht, daß j. etw. tut
2. + wir sind/ihr seid/... so verblieben, daß j. etw. tut

1. Ele *ficou de passar* por cá às 10 horas, mas já são 11 e ainda não apareceu.

   Es war ausgemacht, daß er um 10 Uhr hier vorbeikäme, aber es ist schon 11, und er ist noch nicht erschienen.

2. Então, o que resolveram?
   — Ele *ficou de passar* por cá às 10 horas para entregar o trabalho.

   Was habt ihr also entschieden?
   — Wir sind so verblieben, daß er um 10 Uhr hier vorbeikommt, um die Arbeit abzugeben.

ficar por fazer — nicht gemacht werden (und daher später gemacht werden müssen)

Ó Zé, o campo de baixo hoje *ficou por regar,* por que razão?

Oh, Sepp, das untere Feld ist heute nicht bewässert worden, warum nicht?

Hoje o meu quarto *fica por limpar,* não há tempo para perder com isso.

Heute wird mein Zimmer nicht saubergemacht, damit ist (heute) keine Zeit zu verlieren.

ficar por arrumar/... — 1. unaufgeräumt/... bleiben
2. nicht gemacht sein; da liegen/stehen/... bleiben (und noch gemacht/erledigt/... werden müssen)

1. Hoje, o meu quarto *fica por arrumar.* Não há tempo para perder com isso.

   Heute bleibt mein Zimmer unaufgeräumt/wird mein Zimmer nicht aufgeräumt. Damit ist heute keine Zeit zu verlieren.

2. A Manuela está cada vez mais preguiçosa! Imagina que hoje abalou para o liceu e a cama *ficou por fazer,* o quarto *por arrumar...* Enfim, um pandemónio!

   Die Manuela ist immer fauler! Stell' dir vor, heute ist sie zur Schule abgedampft, und das Bett war nicht gemacht, das Zimmer nicht aufgeräumt... Kurz und gut: ein Heidendurcheinander!

ficar por casar/... — unverheiratet bleiben; nicht heiraten (können)

Mar Português: Ó Mar Salgado, quanto do seu sal/São lágrimas de Portugal!/ /Por te cruzarmos, quantas mães choraram, / Quantos filhos em vão rezaram!/Quantas noivas *ficaram por casar*/Para que fosses nosso, ó mar!
(Fernando Pessoa)

cf. **nada fica por** explicar/... — es gibt nichts mehr, was noch erklärt/... werden müßte; es gibt nichts mehr zu erklären/...

E ele percebeu como a máquina funciona?
— Percebeu, não te aflijas. *Nada ficou por* explicar. Disse-lhe tudo.

Und er hat (auch) verstanden, wie die Maschine funktioniert?
— Ja, sei unbesorgt. Es gab nichts mehr, was noch hätte erklärt werden müssen. Ich habe ihm alles gesagt/auseinandergelegt.

gostar de fazer qc. — etw. gern tun

Gosto imenso *de ouvir* Michelangeli *tocar* piano.

Ich höre Michelangeli ungeheuer gern Klavier spielen.

Gostas de nadar?
— Se gosto! É o meu desporto favorecido.

Schwimmst du gern?
— Und ob! Das ist mein Lieblingssport.

cf. **gostar de** qc. — etw. (gern) mögen; etw. gern essen/trinken/...

Gosto imenso *de* massa com molho de tomate.

Nudeln mit Tomatensauce mag ich ungemein (gern).

cf. **gostar mais de** fazer qc. — etw. lieber mögen; etw. lieber essen/trinken/...

Queres vinho maduro ou verde?
— *Gosto mais do* verde.

Willst du «vinho maduro» (sog. «reifer Wein», weil er gleichsam ausgereift schmeckt) oder «vinho verde» (sog. «Grünwein», weil er so schmeckt, als wären die Trauben grün/unreif gepflückt worden; Wein aus der Provinz Minho)?
— Den grünen/den Grünwein trinke ich lieber.

alg. **gostava de** fazer qc. (mas...) — j. würde (schon) gern etw. tun (aber...)

Queres ir hoje nadar? — *Gostava de ir,* mas não tenho tempo.

Willst du heute schwimmen gehen? — Ich würde (schon) gern gehen, aber ich habe keine Zeit.

cf. **gostar mais de** fazer qc. **do que** fazer qc. — etw. lieber tun als etw. tun; + es macht jem. mehr Spaß/Freude, etw. zu tun als etw. zu tun

Gosto muito *mais de interpretar* um poema *do que traduzi-lo.*

Ich interpretiere ein Gedicht viel lieber als ich es übersetze/Es macht mir viel mehr Spaß/Freude, ein Gedicht zu interpretieren als es zu übersetzen.

há que fazer qc. — man muß etw. tun; etw. muß getan werden; es muß etw. getan werden

Há que criar novas leis para a agricultura!

Man muß neue Gesetze für die Landwirtschaft erlassen!/Für die Landwirtschaft müssen neue Gesetze erlassen werden!/Es müssen für die Landwirtschaft neue Gesetze erlassen werden!

Há que pôr cobro a tantos roubos e poucas vergonhas!

Man muß derart/derartig vielen Diebstählen und Schamlosigkeiten/Schändlichkeiten Einhalt gebieten!/Derart vielen... muß Einhalt geboten werden!/Es muß derart vielen... Einhalt geboten werden!

habituar-se a fazer qc. — sich daran gewöhnen, etw. zu tun

Ora, merda!
— Cala-te, Marília! *Habituas-te a dizer* palavrões, e depois saem-te na frente de gente de fora.

Scheiße, man!
— Halt den Mund, Marília! Du gewöhnst dich daran, Schimpfworte zu gebrauchen, und dann brauchst du sie, ohne es zu merken, in Gegenwart von Besuch.

cf. **tomar o hábito de** fazer qc. — die Gewohnheit annehmen, etw. zu tun; jetzt/... gewöhnlich etw. tun; sich angewöhnen. etw. zu tun (oft neg.); sich das... (subst. Inf.) angewöhnen (neg.)

Ele *tomou o hábito de ir* a pé à escola.

(Er hat die Gewohnheit angenommen, zu Fuß zur Schule zu gehen)/Er geht jetzt gewöhnlich zu Fuß zur Schule.

Tomei o hábito de fumar num período muito difícil da minha vida.

Das Rauchen habe ich mir angewöhnt, als ich in einer sehr schwierigen Phase (meines Lebens) steckte.

haver de fazer qc.

1. etw. tun müssen
2. dann/also etw. tun müssen
3. doch etw. tun müssen
4. (etwa) etw. tun sollen
5. etw. (mal) tun sollen
6. etw. wohl sicherlich tun
7. etw. noch tun werden
8. etw. schon (noch) tun werden
9. etw. tun werden; etw. tun werden — da kannst du/kann er/... Gift drauf nehmen/da kannst du/kann er/... sich drauf verlassen
10. etw. tun werden; etw. tun; etw. bestimmt tun; etw tun werden — davon kannst du/kann er/... schon jetzt ausgehen
11. etw. tun werden; etw. tun werden — da kannst du/kann er/... ganz sicher sein
12. ..., das werd'ich/das wirst du/... (schon) ... ((aber...))
13. etw. tun werden
14. bestimmt tun
15. es mag (so um...) sein
16. wie/wann/... soll schon...
17. j. mußte gerade/aber auch gerade tun
18. wie/... soll/soll denn...
19. was/... wohl...
20. ... alles/..., was/wieviel /... tun... wird, wissen/erfahren/...
21. der Stoff/... sein, aus dem man machen/... wird
22. nicht wissen/..., was man tun soll
23. deswegen, weil /... würde auch .../ wäre auch ... / müßte auch...
24. ..., wie / wo / ... (dann auch) tun/... sollte
25. denken/..., wie schön/... es sein würde/müßte/wie schön/... es wäre ...

1. Não acho bem ele ter despedido um empregado tão antigo num momento de fúria. *Havia* pelo menos *de tê-lo ouvido!*

Ich finde es nicht richtig, daß er einen so langjährigen Angestellten in einem Augenblick der Wut entlassen hat. Zumindest hätte er ihn anhören müssen.

Que tal, a viagem que fizeste à Alemanha? *Hás-de contar-me* tudo, detalhadamente!

Na, wie war die Reise, die du nach Deutschland gemacht hast? Du mußt mir alles erzählen, ausführlich/in allen Einzelheiten.

Um filme do «Charlot» no «Monumental»?
Eu *hei-de vê-lo, hei-de vê-lo* já hoje ou amanhã.

Ein Film von Charlie Chaplin im «Monumental»? Den muß ich unbedingt/ auf jeden Fall sehen; schon heute oder morgen muß ich den sehen!

2. A reunião terá lugar, portanto, no salão da igreja? Então você *há-de avisar* o sr. Abade, sem demora.

   Die Versammlung wird also im Pfarrsaal stattfinden? Sie müssen dann/also den Pastor benachrichtigen.

3. Tu *hás-de compreender* que isto não pode continuar assim! A tua mãe não pode sustentar eternamente um preguiçoso.

   Du mußt doch verstehen/Es muß dir doch einleuchten, daß das nicht so weitergehen kann! Deine Mutter kann nicht ewig/immer einen Faulpelz über Wasser halten/für einen Faulpelz aufkommen!

4. Eu viver nesta casa? Eu *hei-de suportar* dia e noite aquele barulho infernal dos aviões, do bar em frente...?!

   Ich und in diesem Haus wohnen? Ich soll (etwa) Tag und Nacht diesen fürchterlichen Lärm der Flugzeuge, der Wirtschaft gegenüber aushalten?!

   Como *hei-de suportar* mais este barulho infernal, este...?!

   Wie soll ich diesen fürchterlichen Lärm noch länger aushalten, diesen...?!

   Quanto é a conta?
   — São 300 escudos.
   — Quanto *hei-de dar* ao criado?
   — Deixa para aí 25 ou 30 escudos.

   Wieviel ist die Rechnung/wieviel ist's?
   — 300 escudos.
   — Wieviel soll ich dem Ober geben?
   — Laß ihm so 25 oder 30 escudos.

   Como *havia de suportar* mais este...?!

   Wie hätte ich den... noch länger aushalten sollen?!

   Tu *havias de ter visto* a cara que ele fez quando eu lhe disse que já tinha lido o texto — como se fosse pecado mortal saber de livros que ele pensa que só ele conhece!

   Du hättest das Gesicht sehen sollen, das er machte, als/Du hättest sehen sollen, was für ein Gesicht er machte, als ich ihm sagte, den Text hätte ich schon gelesen — so, als wenn es eine Todsünde wäre/so, als wäre es eine Todsünde, Bücher zu kennen, von denen er annimmt, nur er wüßte von ihrer Existenz!

5. O quê?! Pô-lo na rua sem mais nem menos e sem lhe pagar uma indemnização? *Havia de ter feito* isso logo a seguir ao 25 de Abril, a ver o que lhe acontecia.

Was?! Ihn (so) mir nichts dir nichts auf die Straße setzen, ohne ihm eine Entschädigung zu zahlen? Das hätte er (mal) sofort nach dem 25. April machen/(versuchen) sollen — da hätte ich sehen mögen/da hätte er gesehen, was mit ihm passiert wäre!

6. Podes visitá-lo agora! Ele *há-de estar* em casa. É uma hora muito boa.

Du kannst ihn jetzt besuchen. Er wird wohl zu Hause sein/Er dürfte zu Hause sein. Es ist eine günstige Zeit.

7. Tens que aprender a portar-te como deve ser. Senão ainda *hás-de ter* muitos dissabores na vida.

Du mußt lernen, dich vernünftig zu verhalten/dich so zu verhalten, wie es sich gehört. Sonst wirst du noch viel Unannehmlichkeiten haben im Leben!

8. Ainda *se há-de vir a* reconhecer quem voltou a pôr este país em pé — nós ou a oposição. *Há-de se saber* distinguir um dia aqueles que trabalharam durante anos sem abrir a boca, daqueles que só falaram e mais nada.

Man wird schon noch erkennen, wer dies Land wieder auf die Beine gebracht hat — wir oder die Opposition. Man wird eines Tages schon (noch) diejenigen, die jahrelang/Jahre hindurch gearbeitet haben, ohne den Mund aufzumachen, von denen unterscheiden, die nichts anderes gemacht als geredet haben.

O Jorge todo se ufana de ter ganho o jogo, outro dia.
— Que se ufane à vontade! O meu dia *há-de chegar* — e a desforra vai ser terrível.

(Der) Georg gibt wer weiß wie an, daß er neulich das Spiel gegen dich gewonnen hat.
— Laß ihn man angeben, soviel er will... Mein Tag wird schon noch kommen — und die Revanche wird fürchterlich (für ihn) sein.

9. Ele não quer que eu vá ao baile, mas eu *hei-de ir, hei-de mostrar* que sou independente!

Er will nicht, daß ich zu dem Ball gehe. Aber ich werde gehen/hingehen, werde zeigen, daß ich unabhängig/ selbständig bin!

Ai, ele disse isso de mim?! Pois *há-de pagar-me* isso! Vou acusá-lo ao patrão, da falcatrua que ele fez!

Ah, das hat er von mir gesagt?! Dafür wird er büßen — darauf kann er sich verlassen/darauf kann er Gift nehmen/darauf kannst du/könnt ihr/... Gift nehmen! Ich werde dem Chef die Schurkerei erzählen, die er sich erlaubt hat.

10. No verão *havemos de fazer* uma viagem maravilhosa, filhos! (Krenn-Mendes).

Im Sommer werden wir eine herrliche Reise machen, Kinder/werden wir... machen, Kinder, davon könnt ihr schon jetzt ausgehen.

11. Quando for crescido, a ganhar dinheiro, *hei-de comprar* uma quinta e muitos cavalos, pai!

Wenn ich groß bin und viel Geld verdiene, werde ich mir ein Gut und viele Pferde kaufen, Vater!/werde ich..., Vater — da kannst du ganz sicher sein!

12. Ouvi dizer que vais mandar pintar a tua casa?
— Sim, *hei-de mandar*, mas ainda não sei quando. Está tudo tão caro.

Ich habe gehört/ich habe mir sagen/erzählen lassen, du wirst dein Haus anstreichen lassen?
— Ja, das werd' ich, aber ich weiß noch nicht, wann, es ist alles so teuer.

13. Quando eu morrer, tudo o que tenho *há-de ser* para ti!
— Ó avô, não diga isso.

Wenn ich sterbe, wird alles, was ich habe, für dich sein.
— Oh, Opa, sag' so etwas nicht/sag' nicht so etwas.

14. Está o telefone a tocar. Quem será?
— *Há-de ser* o meu irmão. Ele ficou de me falar, a dar uma resposta.

Das Telephon klingelt. Wer mag das sein?
— Das ist bestimmt mein Bruder. Er wollte mich anrufen, um mir eine (bestimmte) Antwort durchzugeben.

15. *Havia de ser* meia-noite quando me deitei.
— Não sabes ao certo?
— Não olhei para o relógio. Mas calculo que era meia-noite, por causa do comboio da noite, que tinha acabado de passar.

Es mochte (so um) Mitternacht sein, als ich mich hinlegte.
— Weißt du das nicht genau?
— Ich habe nicht auf die Uhr geguckt. Aber ich nehme an, es war Mitternacht, wegen des Nachtzugs, der gerade vorbeigefahren war.

16. Achei o teu marido muito calado. Ele como está?
— Bom, Mãe, bom... Quer dizer... Então... *como há-de estar*, três dias depois deste desastre...?

Ich fand deinen Mann sehr still. Wie geht es ihm?
— Gut, Mutter, gut... Das heißt... Ja..., wie soll es ihm schon gehen, drei Tage nach diesem Unfall...?

Que é que pensas da estupidez que fiz?
— Que é que *hei-de pensar?!* Realmente, uma inteligência não foste!

Was hältst du von der Dummheit, die ich da gemacht habe?
— Was soll ich schon davon halten? In der Tat: ein Muster an Intelligenz warst du nicht (gerade)!

Ai, aquele senhor que te deu um beijo, era o teu Pai?
— Então quem *havia* ele *de ser*, senão meu Pai? Ou achas que ando aí aos beijos a homens desconhecidos?

Der Mann da, der dir einen Kuß gegeben hat, war dein Vater?
— Wer soll es schon gewesen sein, wenn nicht mein Vater? Oder meinst du, ich küß' da wildfremde Männer?

17. Eu até mudei de cidade para lhe fugir; mas aquele chato *havia* logo *de dar* comigo aqui na esplanada.

Ich bin sogar in eine andere Stadt gegangen/gezogen, um ihn zu meiden/ um ihm nicht zu begegnen. Aber dieser lästige Kerl mußte mir (auch) gerade hier auf der Esplanade über den Weg laufen.

18. Ele ainda não fala nada de francês!
—Pois como é que *há-de aprender* francês, se anda ao mesmo tempo a aprender inglês, alemão e russo?

Französisch spricht er (ja) überhaupt noch nicht!
—Wie soll er/soll er denn Französisch lernen, wenn er gleichzeitig Englisch, Deutsch und Russisch lernt/macht?!

19 O que é que ela *há-de dizer* de mim quando souber que abandonei casa e filhos?

Was wird sie wohl von mir sagen, wenn sie erfährt, daß ich die Familie, die Kinder verlassen habe?/Was sie wohl von... wird, wenn...!

20. Ó menino, como é que tu podes saber com essa certeza toda o que *há-de suceder* no ano 2000?

Ach, Junge, wie kannst du mit dieser Sicherheit wissen, was im Jahr 2000 passieren wird?

Como é que tu podes saber a quantidade de maçãs que o pomar *há-de dar* para o ano?

Wie kannst du wissen, wieviel Äpfel der (Apfel-) Garten im nächsten Jahr geben wird?

21. Educa bem os teus filhos! É esse o material de que mais tarde *se há-de fazer* o mundo!

Erziehe deine Kinder gut/wie es sein soll/ ordentlich! Denn das ist der Stoff, aus dem später die Welt gebaut wird.

22. Ele está aflito porque não sabe o que *há-de fazer*.

Er macht sich Sorgen, weil er nicht weiß, was er tun soll.

E o que disseste quando ele fez aquela afirmação injusta?
—Nada, não disse nada, não sabia o que *havia de dizer*.

Und was hast du geantwortet, als er jene ungerechte Behauptung aufstellte?
—Nichts, nichts habe ich gesagt, ich wußte nicht, was ich sagen sollte.

23. Ai tu pensavas que ele, por ser rico, *havia de ser* mais honesto? Olha que tu és de bom tempo!

Und du dachtest, deswegen, weil er reich ist, wäre er auch anständiger/würde er auch anständiger sein? Du glaubst wohl noch an Märchen?!

24. Ela já em pequena suplantava os irmãos nos jogos, como mais tarde *havia de suplantá-los* na vida.

Schon als Kind stach sie ihre Geschwister im Spiel aus, wie sie sie dann später (auch) im Leben ausstechen sollte.

25. Ela pensava que bom *havia de ser* passar o verão na frescura da beira-mar.

Sie dachte, wie schön es sein würde/müßte/ wie schön es wäre, den Sommer am frischen Strand zu verbringen.

hesitar em fazer qc. — zögern, etw. zu tun

Eu *hesitei em dizer-lhe* o que se estava a passar com o marido, mas depois acabei por pensar que quanto mais depressa souber, melhor para ela.

Ich zögerte, ihr zu sagen, was mit ihrem Mann los war, aber schließlich dachte ich (doch), je rascher sie die Sache erführe, um so/desto besser für sie!

cf. **estar com a ideia de** fazer qc. — die Absicht haben, etw. zu tun; vorhaben, etw. zu tun; sich mit dem Gedanken tragen, etw. zu tun

Estou com a ideia de ir a Portugal no verão. Que achas?

Ich habe die Absicht/habe vor/trage mich mit dem Gedanken, im Sommer nach Portugal zu fahren. Was hältst du davon?

cf. **andar com a ideia de** fazer qc. — (länger/dauerhafter/...) die Absicht haben... (sonst bedeutungsgleich mit **estar com a ideia de fazer qc.**)

cf. **estar com ideias de** fazer qc. — die Absicht haben, (unter Umständen) etw. zu tun; vorhaben, (unter Umständen) etw. zu tun; sich mit dem Gedanken tragen, (unter Umständen) etw. zu tun

Estou com ideias de comprar terrenos em Esposende. Que achas?

Ich habe die Absicht/habe vor/trage mich mit dem Gedanken, (unter Umständen) in Esposende Baugelände zu kaufen. Was hältst du davon?

cf. **andar com ideias de** fazer qc. — (länger / dauerhafter/...) die Absicht haben... (sonst bedeutungsgleich mit **estar com ideias de fazer qc.**)

cf. **estar interessado em** fazer qc. — daran interessiert sein, etw. zu tun; Interesse haben, etw. zu tun

O Jaime perguntou-me se eu *estava interessado em colaborar* numas actividades culturais para trabalhadores, mas eu nem sei...

(Der) Jaime hat mich gefragt, ob ich daran interessiert wäre/ob ich Interesse hätte, bei einigen kulturellen Veranstaltungen/Unternehmungen/... für die Arbeiter mitzuarbeiten; aber ich bin mir gar nicht klar...

ir fazer qc. —
1. etw. tun gehen/fahren/...; irgendwohin gehen/fahren/..., um etw. zu tun
2. etw. (gleich/bald/in naher Zukunft/...) tun/tun werden

3. etw. tun werden
4. etw. bestimmt tun
5. etw. doch (in der Tat) tun / in der Tat tun
6. was/wie/... j./etw. (da) nur/ bloß tut
7. wie/was/... will/wird j./etw. denn/denn überhaupt...?
8. etw. (ohne Zweifel / bestimmt/ ganz sicher/...) tun; etw. tun/ tun werden — da gibt's nichts dran zu rütteln
9. bestimmt/... würde... (nimmt j. an/...) werden

1. No meio da noite levantei-me, *fui* à cozinha *buscar* um copo de água...

Mitten in der Nacht stand ich auf, ging in die Küche, (um) ein Glas Wasser (zu) holen...

Onde é que está o Roberto? Desde há uma semana que não o vejo?
— Ele *foi* a Lisboa *tratar* duns assuntos da família.

Wo ist (der) Robert? Seit einer Woche sehe ich ihn (gar/überhaupt) nicht.
— Er ist nach Lissabon gefahren, um ein paar Familienangelegenheiten zu regeln.

2. Anda lá passear! Estás com tão má cara.
— Primeiro *vou fazer* as camas/*vou fazer* o que tenho a fazer.

Los, geh' spazieren. Du siehst so schlecht aus.
— Zunächst mache ich die Betten/werde ich die Betten machen/mach' ich, was ich zu machen habe/werde ich machen, was ich zu machen habe.

3. Vá, filha, come. *Vais ver* que é uma delícia. A tia Adelaide fez de propósito este bolinho para ver se te abria o apetite.

Los, Mädchen, iß! Du wirst sehen, das ist ein Leckerbissen. Tante Adelaide hat diesen Kuchen extra gemacht, um zu sehen, ob er dir (endlich) Appetit macht.

Não te ponhas a hesitar. O projecto tem valor, atira-te para a frente! Não podes pensar que as coisas *vão correr* mal.

Jetzt zögere/zaudere nur/bloß nicht. Das Projekt ist sinnvoll, jetzt ran! Jetzt darfst du nicht denken, daß/ob die Dinge/Sachen schlecht laufen werden.

Ele tentou convencer-me que as coisas *iam correr* melhor... Em vão!

Er versuchte, mich davon zu überzeugen, daß die Dinge/Sachen besser laufen würden... Vergeblich!

Disseram-me que o jantar *ia ser* no Hotel Mundial. É verdade?

Man sagte mir, das Abendessen würde im Hotel Mundial sein/stattfinden. Stimmt das?

Quando finalmente percebi que a rapariga *ia atirar-se* abaixo da ponte, já era tarde. Já ela estava na água.

Als ich endlich begriff, daß sich das Mädchen von der Brücke stürzen würde/wollte, war es schon zu spät; da war sie schon unten/im Wasser.

Devias ter construído esta casa sobre pilares!
— Eu sabia lá que o rio *ia começar* a ter cheias todos os anos.

Literarischer: ... que o rio *iria começar*...

Du hättest dies Haus auf Pfeilern bauen sollen!
— Ich konnte doch nicht wissen, daß der Fluß anfangen würde, jedes Jahr über die Ufer zu treten.

4. Não contes lá em casa o nosso projecto de viagem à volta do mundo. O pai *vai pensar* que estamos doidos.

   Erzähle zu Hause (bloß) nichts von unserem Plan, eine Weltreise zu machen. Vater denkt/meint (dann) bestimmt, daß wir verrückt sind/daß wir nicht ganz bei Trost sind.

5. Então tu *foste contar* ao pai do desastre do Mário?! Eu tinha-te pedido tanto para não dizer nada!

   Du hast Vater doch (in der Tat) von Marios Unfall erzählt?! Und ich hatte dich so gebeten, nichts zu sagen!

   Imagina, a Madalena *foi casar* com um homem 30 anos mais velho do que ela!

   Stell' dir (bloß) vor, Madelena hat doch in der Tat einen Mann geheiratet, der 30 Jahre älter ist als sie.

   Então esta parva não *foi casar* com um homem 30 anos mais velho do que ela! É doida!

   Da hat dieses dumme Geschöpf doch in der Tat einen Mann geheiratet, der 30 Jahre älter ist als sie! Die ist verrückt/die ist nicht ganz gescheit!

6. Ó Joaquim! O que tu *foste fazer!*

   Oh Joachim! Was hast du (da) nur/bloß gemacht!

   Que sarilho tu *foste arranjar!*

   Welch eine/was für eine dumme/blöde Geschichte du (da) nur/bloß angestellt hast!

7. Filha, que desgosto *ires casar* com esse malandro! Como é que vocês *irão viver*, se ele não trabalha?

   Mädchen, welch eine Enttäuschung/welch ein Elend, daß du diesen Nichtsnutz heiratest! Wie wollt ihr denn/werdet ihr denn/wollt/werdet ihr denn überhaupt leben, wenn er nicht arbeitet?!

8. De futuro, tu é que *vais fazer* a tua cama — e não a mãe, ouviste?!

   In Zukunft wirst du dein Bett machen/ machst du dein Bett — und nicht Mutti/(Mama), hast du gehört?!/In Zukunft wirst du.../machst du... und nicht Mutti, da gibt's nichts dran zu rütteln! Hast du gehört?!

9. O poente estava abrasado e vermelho. De certeza que *ia haver* um dia de calor.

Es war ein rotglühender Sonnenuntergang; das würde bestimmt ein heißer Tag werden.

alg. ia fazer qc. (quando...) — j. wollte gerade/(gerade schon/schon) etw. tun (als...)

Eu *ia dizer* o nome do médico quando ele me interrompeu — graças a Deus ainda a tempo.

Ich wollte schon/gerade schon den Namen des Arztes sagen, als er mich unterbrach — Gott sei Dank noch rechtzeitig.

Eu *ia sair* quando tocou.

Ich wollte gerade herausgehen/(gerade schon herausgehen)/(schon herausgehen), als es schellte.

cf. Eu vou vestir o meu vestido de seda logo à noite.
— *Ia*, minha senhora, que ele ainda está por lavar.

Ich werde nachher, heute abend, mein Seidenkleid anziehen.
— Sie würden es (gern) anziehen, (gnädige Frau), es ist noch nicht gewaschen.

ir fazendo qc.

1. beständig/unaufhörlich/... (etw.) tun; etw. tun und tun
2. beständig etw. tun
3. (kontinuierlich) etw. tun
4. immer wieder/immer von neuem etw. tun
5. so allmählich / so langsam etw. tun
6. (so) allmählich etw. tun; so langsam etw. tun; so nach und nach etw. tun
7. schon mal/(einmal) etw. tun
8. schon so allmählich / langsam/ nach und nach etw. tun
9. (jetzt) (intensiv /...) etw. tun

1. Ai os teus filhos, que grandes! Eu não os conhecia!
— Pois é! Eles *vão crescendo* e fazem-nos velhos.

Meine Güte, deine Kinder sind aber groß! Ich habe sie nicht erkannt.
— In der Tat. Sie/(die) wachsen unaufhörlich/sie/(die) wachsen und wachsen und machen uns zu alten Leuten.

2. Ele começou como moço de recados na firma do meu Pai. Mas *foi ganhando* terreno, e hoje já é sócio da casa.

Er begann als Laufbursche in der Firma meines Vaters. Aber er hat beständig an Einfluß/Boden gewonnen, und heute ist er schon Gesellschafter.

3. Há quem comece a tratar-me por tu, pessoas habituadas a tratarem-se sempre por tu. Mas a pouco e pouco, à medida que *vão convivendo* comigo e *convivendo* espaçadamente, é claro, esquecem-se, deixam de saber se me tratam por tu ou por você e, na dúvida, decidem-se pelo você.

Es gibt Leute, die mich zu Beginn duzen, Leute, die sich gewöhnlich immer duzen. Aber (so) nach und nach, in dem Maße, wie sie (kontinuierlich) mit mir umgehen — in mehr oder weniger großen Abständen mit mir umgehen, versteht sich — vergessen sie es, wissen sie nicht mehr, ob sie mich mit «du» oder «você» ansprechen, und im Zweifelsfall/Zweifel entscheiden sie sich für das «você». (Langenscheid, 205).

4. Era uma pessoa cheia de coragem!
— Era, não há dúvida! Mesmo quando outros já teriam desistido, ela *ia* sempre *tentando,* e muitas vezes conseguia chegar a seus fins.

Es war eine sehr couragierte Frau/es war eine Frau voller Lebensmut/es war eine Frau, die sich nicht unterkriegen ließ.
— Ohne Zweifel, ja. Selbst/sogar wenn andere schon aufgegeben hätten, versuchte sie es ihmer wieder/immer von neuem/immer wieder von neuem, und häufig/oft erreichte sie ihr Ziel.

5. Olha, e se *fossemos indo?* Não tarda cair a noite, e vamos o caminho todo aos tropeções.

Und wenn wir so langsam/allmählich gingen/ aufbrächen? Es fehlt nicht mehr viel, dann wird's dunkel, und dann stolpern wir den ganzen Weg entlang...

Importas-te que *vamos andando?* É que temos gente para o jantar, e se não vamos agora, chegamos tarde.

Hast du etwas/(was) dagegen, wenn wir so langsam/allmählich gehen? Wir haben (nämlich) Besuch/(Leute) zum Abendessen da, und wenn wir jetzt nicht gehen, kommen wir zu spät (zu Hause an).

Olha lá, não achas que *vão sendo* horas de acabarmos com a conversa e de começarmos a trabalhar? Se continuarmos assim a dar à língua, não temos a tradução feita hoje à noite.

Hör' mal, meinst du nicht, daß es so allmählich/langsam Zeit ist, daß wir unsere Unterhaltung beenden und mit der Arbeit anfangen? Wenn wir so weitermachen und schwatzen, haben wir die Übersetzung heute abend nicht gemacht/fertig.

6. Pouco a pouco a noite *foi caindo* e *foi envolvendo* todo o bosque, as dunas e a praia...

(So) allmählich/nach und nach/(langsam) fiel die Nacht herein und hüllte den Wald, die Dünen, den Strand ein...

Lentamente eu *ia começando* a compreender a razão do temperamento fechado dele, *ia começando* a compreender a sua vida...

(So) allmählich/nach und nach/langsam/ ganz allmählich/(ganz langsam) begann ich, den Grund für sein verschlossenes Wesen zu verstehen, sein Leben zu begreifen...

7. Vamos, já estamos atrazados!
— Tu podes *ir andando*. Eu caminho mais depressa do que tu e ainda te apanho antes de lá chegares.

   Gehen wir, wir sind schon zu spät dran.
   — Du kannst schon mal/(einmal) gehen/vorgehen! Ich laufe schneller als du und hole dich noch ein, bevor du da ankommst.

8. Quando cheguei, quase no fim da peça, muita gente já *ia saindo*; mas os meus filhos foram os últimos. Tinham de dar aplausos, até ao fim, claro.

   Als ich da ankam, am/gegen Schluß der Vorstellung, kamen viele Leute schon so allmählich/langsam/nach und nach heraus; aber meine Kinder waren die letzten. Klar, sie mußten noch bis zum Ende Beifall klatschen.

   Entra, entra! Vens mesmo a propósito. Acabei de fazer aquela maldita tradução que me *ia endoidecendo*.

   Komm' rein, komm' rein; du kommst genau im richtigen Augenblick. Ich bin gerade mit dieser verdammten Übersetzung fertig, die mich schon (so allmählich) verrückt machte.

9. *Vai pensando* na proposta que te fiz! Escusas de me dar uma resposta agora! A coisa tem tempo até domingo...

   Denke (jetzt) (intensiv) über den Vorschlag nach, den ich dir gemacht habe. Du brauchst mir jetzt keine Antwort zu geben. Die Sache hat Zeit bis Sonntag...

ir melhorando/piorando — jem. geht es immer besser/ schlechter; die Lage /... wird immer besser/ schlechter; es geht (mit jem.) kontinuierlich / immer weiter bergauf / bergab

Depois do choque que apanhou com a morte do marido pensámos que nunca mais recuperava a antiga vontade de viver. Mas depois *foi melhorando*.

Nach dem Schock durch den Tod ihres Mannes, so glaubten wir, würde sie wohl nie mehr ihre frühere Lebensfreude zurückgewinnen. Doch danach ging es ihr immer besser/ging es mit ihr kontinuierlich bergauf.

Ouvi dizer que ele morreu de repente!
— Não! Adoeceu em Dezembro, chamámos o médico, mas ele não mostrou melhoras, antes *foi piorando* a olhos vistos, e em fins de Fevereiro morreu.

Ich habe gehört, er ist ganz plötzlich gestorben.
— Nein! Im Dezember wurde er krank, und wir riefen den Arzt; doch sein Zustand besserte sich nicht (er zeigte keine Anzeichen einer Besserung), es ging mit ihm vielmehr zusehends bergab/es ging ihm vielmehr zusehends schlechter, und Ende Februar starb er.

cf. alg./qc. **há-de ir melhorando/ piorando**	etw. wird schon besser/wohl schlechter werden; mit jem. wird es schon bergauf/wohl bergab gehen; jem. wird es schon bald besser/ wohl bald schlechter gehen

Não se aflija, Senhora Aninhas, as coisas *hão-de ir melhorando*. Aos poucos, claro! Roma não se fez num dia, mas vai ver que tudo vai acabar a seu contento.

Seien Sie nicht traurig, Frau Aninhas, die Dinge werden schon besser werden/ es wird schon (wieder) bergauf gehen. Langsam/allmählich natürlich! Rom wurde (auch) nicht an einem (einzigen) Tag gebaut, aber sie werden sehen, daß alles zu Ihrer Zufriedenheit ausgeht.

alg. **ia** fazendo (qc.)	j. hätte (etw.) fast/beinahe getan

Ai, *ia deixando* cair a travessa ao chão! Escorregou-me das mãos e foi mesmo por um triz!

Ui, ich hätte fast/beinahe den Teller auf den Boden fallen lassen. Er rutschte mir aus der Hand — um ein Haar!

Eu *ia dizendo* que..., mas...

Ich hätte fast/beinahe gesagt, daß..., aber...

Ele *ia caindo*, mas...

Er wäre fast/beinahe gefallen, aber...

cf. (já) **ir** fazendo qc. (enquanto/...)	schon einmal/mal etw. tun (während... (noch)...)

Enquanto tu acabas o almoço, eu *(já) vou lendo* a correspondência e *respondendo* a umas cartas.

Während du zuende frühstückst, lese ich schon mal/schon einmal die Korrespondenz und beantworte einige Briefe.

alg. **ia a** andar/correr/... por aí/... (quando/...)	gerade daher—gegangen/-gelaufen/... sein ((vom Sprecher weg))

Ele *ia a correr* pelo caminho fora quando o vi há mais ou menos cinco minutos.

Er lief gerade daher, als ich ihn vor etwa fünf Minuten sah.

(se/...) alg. **fosse a** fazer qc.	1. (wenn/...) j. einmal etw. täte/tun würde 2. (wenn/...) j. einmal/mal etw. (auch) täte/tun würde

1. Quando cheguei naquela fábrica, esteve lá um homem dois dias a ensinar-me. Se eu *fosse a sair*, tinha de estar eu a ensinar a pessoa que me substituísse.

Als ich (da) in der Fabrik ankam, war da ein Mann, der mich zwei Tagelang anlernte. Wenn ich einmal aufhören würde, müßte ich den, der mich ersetzte/ersetzen würde, anlernen.

2. Se eu *fosse a fazer* um dia tudo o que disse hoje, tu ficarias sem apoio nenhum!

Wenn ich einmal/mal/(irgendwann) alles, was ich heute sagte, tun würde/täte/auch tun würde/täte, hättest du keinerlei Unterstützung mehr.

alg. **ia a** fazer qc. (quando...)

1. j. tat gerade etw. (als...); j. war gerade dabei, etw. zu tun (als...)
2. j. war (schon) im Begriff, etw. zu tun (als...)
3. j. war schon dabei, etw. zu tun (als...)
4. j. wollte schon/gerade schon/ gerade etw. tun (als...)

1. Eu *ia a sair* quando ela chegou — pronto, já não fui embora.

Ich ging gerade heraus, als sie kam/Ich war gerade dabei herauszugehen/die Wohnung zu verlassen, als sie kam — und da war's aus mit dem Weggehen/da war kein Denken mehr daran wegzugehen/und da konnte ich das Ausgehen in den Mond schreiben.

2. João, não vês que magoaste a tua irmã?
— Ó, mãe, ela *ia a cair* e eu, para segurá-la, agarrei-me um bocado à bruta.

Hans, merkst du nicht, daß du deiner Schwester wehgetan hast?
— O, Mutti, sie war im Begriff hinzufallen, als ich mich, um sie festzuhalten, an diesem Döskopp festklammerte.

3. Eu, distraída, *ia a dizer* o nome do médico, sem me lembrar que tu não queres que ele saiba. Mas graças a Deus calei-me ainda a tempo. Tu interrompeste-me a tempo.

Und ich, zertreut wie ich bin/war, war schon dabei, den Namen des Arztes zu sagen, ohne daran zu denken, daß du nicht willst, daß er ihn erfährt. Aber Gott sei Dank schwieg ich noch rechtzeitig/unterbrachst du mich noch rechtzeitig.

4. Eu, distraída, *ia a dizer* o nome do médico. Mas graças a Deus lembrei-me ainda a tempo que tu não queres que ele saiba.

Und zerstreut, wie ich war, wollte ich schon/wollte ich gerade schon/wollte ich gerade den Namen des Arztes sagen. Aber Gott sei Dank erinnerte ich mich noch rechtzeitig, daß du nicht willst, daß er ihn erfährt.

alg. **ia para** fazer qc.

1. j. wollte schon...
2. j. wollte gerade...

1. Eu *ia para ajudá-lo,* mas ele mostrou-me tão má cara, que logo deixei.

Ich wollte ihm schon helfen, aber er sah mich derart unwirsch an, daß ich es sogleich aufgab.

2. Não sei como foi, eu *ia para levantar* do chão o casaco que me tinha caído, mas deu-me uma tal dor do lado que já não pude.

Ich weiß nicht, was da los war. Ich wollte gerade den Mantel, der mir hingefallen war, (vom Boden) aufnehmen, aber hatte plötzlich einen solchen Schmerz auf der linken Seite, daß ich nicht mehr konnte.

lançar-se a fazer projectos/... — sich in Projekte/... stürzen

Bem, calma, não *te lances a fazer projectos* grandiosos sem saberes primeiro se o Estado nos concede o subsídio.

Immer mit der Ruhe! Stürz' dich nicht in großartige Projekte/Unternehmungen, bevor du weißt, ob uns der Staat den Zuschuß gibt.

largar a correr/fugir/rir — los- -rennen, was das Zeug hält/ -platzen

Quando vi o cão solto, *larguei a correr/fugir.* Tenho um medo de cães!

Als ich den Hund sah — er war nicht angebunden —, rannte ich los, was das Zeug hielt. Ich habe eine Angst vor Hunden!

Ele conseguiu dominar-se o tempo todo, mas quando a velhota começou a dar ares de menina, não pôde mais — *largou a rir* e teve de sair da sala.

Die ganze Zeit (über) konnte er sich beherrschen/gelang es ihm, sich zu beherrschen; aber als die Alte anfing, sich wie ein Mädchen aufzuführen, konnte er sich nicht mehr halten — er platzte los und mußte aus dem Zimmer herausgehen.

alg. **leva** 1 hora/ 2 dias/... **a** fazer qc. — j. braucht 1 Stunde/2 Tage/... dazu/ dafür, (um) etw. zu tun

Isto é fácil de fazer?
— Fácil, é, o que é, demora muito. Imagine que *levei duas horas* só *a escrever* esta página.

Ist das leicht? — Leicht schon, aber es dauert lange. Stellen Sie sich vor, ich habe zwei Stunden dafür/dazu gebraucht, nur um diese Seite zu schreiben.

qc. **leva** 1 hora/2 dias/... **a** fazer — etw. zu tun dauert 1 Stunde / 2 Tage / ...; + (um) etw. zu tun, braucht j. 1 Stunde/...; etw. zu tun kostet jen. 1 Stunde...

Imagine, só esta página *levou duas horas a escrever.*

Stellen Sie sich vor, nur diese Seite zu schreiben hat zwei Stunden gedauert/... nur (um) diese Seite zu schreiben habe ich zwei Stunden gebraucht/... nur diese Seite zu schreiben hat mich zwei Stunden gekostet.

qc. **leva** alg. **a** fazer qc. — etw. führt dazu, daß j. etw. tut

Estas leis injustas *levam* as pessoas *a* não *se preocupar* mais com o que os regulamentos dizem...

Diese ungerechten Gesetze führen dazu, daß die Menschen sich (gar) nicht mehr darum kümmern, was die Regelungen vorschreiben/vorsehen/wie die Regelungen aussehen.

levar alg. **a** fazer qc. — jen. dazu bringen, etw. zu tun; jen. dahinbringen, etw. zu tun/daß er etw. tut

Tanto me exploraram que *me levaram a forjar* planos de vingança.

Sie haben mich derart ausgenutzt, daß sie mich dazu gebracht haben, Rachepläne zu schmieden/mich dahin gebracht haben, daß ich... schmiedete.

Ele *levou-me a acusar* os meus colegas porque me prometeu vantagens no emprego. — Isso não é atenuante para ti, antes pelo contrário.

Er hat mich dazu gebracht/dahin gebracht, meine Kollegen anzuklagen/anzuschwärzen, weil er mir berufliche Vorteile versprach. — Das ist für dich kein mildernder Umstand, (eher) im Gegenteil.

(já) **levar**... coisas feitas — (schon)... Dinge gemacht/geschafft/fertig/... haben

Ó Senhor António, isso é que é trabalhar!
— Pois é, meu senhor. *Já levo* 30 leiras *feitas!*

Oh, Tonio, das nenne ich arbeiten/so etwas nenne ich arbeiten/das heißt arbeiten!
— In der Tat, Herr..., ich habe schon 30 Furchen fertig/umgegraben/bewässert/...

Só comecei hoje, mas *já levo* quatro páginas *traduzidas.*

Ich habe erst heute begonnen, aber vier Seiten habe ich schon fertig/geschafft/übersetzt.

alg. **manda**-me/te/... fazer qc. — mich/dich/... etw. tun lassen; anordnen, daß ich/du/... etw. tust; mir/dir/... den Befehl geben, etw. zu tun

Ele *mandou-me traduzir* o livro.

Er ließ mich das Buch übersetzen/er ordnete an, daß ich das Buch übersetzen sollte/übersetzte/er gab mir den Befehl, das Buch zu übersetzen.

cf. Ele disse-me/ele disse ao meu pai para eu/ele traduzir o livro — Er sagte mir/meinem Vater, ich/er solle das Buch übersetzen.

mandar fazer qc. — etw. tun lassen; anordnen, daß etw. getan wird; veranlassen, daß etw. getan wird

Ele *mandou traduzir* o artigo.

Er ließ den Artikel übersetzen.

Mandámos reparar a porta antes de entrar em férias.

Wir ließen die Tür reparieren, bevor wir den Urlaub antraten.

Quem é que *mandou chamar* os bombeiros?
— Sei lá. Acho que foram os vizinhos...

Wer hat die Feuerwehr kommen lassen?
— Was weiß ich? Ich nehme an, es waren die Nachbarn.

Já *mandaste dizer* aos outros que temos hoje reunião?

Hast du den anderen schon sagen/ausrichten lassen, daß wir heute unsere Versammlung haben?

cf. **mandar vir** o almoço/... das Essen/... bestellen

Já *mandaste vir* o almoço?
— Não, o criado ainda não se chegou a esta mesa.

Hast du das Essen schon bestellt?
— Nein, der Ober ist noch nicht an unseren Tisch gekommen.

meter-se a fazer qc.
1. sich daranmachen, etw. zu tun
2. anfangen, etw. zu tun; (sich ans + subst. Inf. machen)
3. es übernehmen, etw. zu tun
4. sich darauf einlassen, etw. zu tun

1. Enquanto esperava pelo Ernesto, *meti-me a fazer a* camisolinha, e sempre consegui acertar com um ponto.

   Während ich auf (den) Ernst wartete, habe ich mich darangemacht, den Pullover zu stricken, und es ist mir immerhin gelungen, die erste Reihe/die ersten Reihen zu machen.

2. Tu não me dizes que o João agora faz quadros!
   — É verdade. *Meteu-se a pintar,* agora aos 60 anos de idade.

   Sag'mir nicht, daß (der) Hans jetzt Bilder macht/malt.
   — In der Tat! Im Alter von 60 Jahren hat er jetzt angefangen zu malen/ (hat er sich jetzt ans Malen gemacht).

3. *Meteste-te a tomar conta de* crianças sem teres preparação para isso, agora aguenta-te. Eu disse-te logo que não era tão fácil como isso!

   Du hast es übernommen, auf Kinder aufzupassen, ohne eine Ausbildung dafür zu haben; jetzt mußt du sehen/sieh zu, wie du damit fertig wirst! Ich habe dir gleich gesagt, daß das nicht so einfach ist.

4. *Ele meteu-se a traduzir* um texto dificílimo, e agora...

   Er hat sich darauf eingelassen, einen äußerst schweren Text zu übersetzen, und jetzt...

não se meter a fazer qc. — sich hüten, etw. zu tun

Pediram-me para traduzir o novo Código Civil para o alemão, mas *não me meto a traduzir* um texto daqueles. Não que eu não sou doida! Expressões jurídicas, linguagem incompreensível, não!

Man hat mich gebeten, das neue Bürgerliche Gesetzbuch ins Deutsche zu übersetzen, aber ich hüte mich/werde mich hüten, so einen Text zu übersetzen. Ich bin doch nicht verrückt! Juristische Fachtermini, eine unverständliche Sprache — nein!

necessitar de fazer qc. (lit.) — 1. es nötig haben, daß...; etw. brauchen
2. — (eher:) **precisar de** fazer qc.

1. Todos se diziam muito meus amigos. Mas quando *necessitei de ser apoiado,* todos me viraram as costas.

   Alle sagten (immer), sie wären meine Freunde/sie wären mit mir befreundet. Aber als ich Unterstützung brauchte/(aber als ich es nötig hatte, daß man mich unterstützte), wandten sie mir alle den Rücken zu.

cf. **ter obrigação de** fazer qc. — etw. tun müssen (moral.)

Ele ajudou-te sempre que precisaste de ajuda; agora que ele está numa situação difícil, devias ajudá-lo também. *Tu tinhas obrigação de perceber* o que eu quero dizer — tiveste durante anos os mesmos problemas.

Er hat dir immer geholfen, wenn du Hilfe brauchtest/nötig hattest. Jetzt, wo/da er in einer schwierigen Lage steckt, müßtest du ihm ebenfalls helfen. Du müßtest (eigentlich) verstehen, was ich meine/sagen will — du hattest (doch) jahrelang dieselben Schwierigkeiten/Probleme.

cf. **ter oportunidade de** fazer qc. — Gelegenheit haben, etw. zu tun

Então, o que disse o chefe? — Desculpa, ainda não *tive oportunidade de falar* com ele, está sempre ocupado.

Also, was hat der Chef gesagt/was hat also der Chef gesagt? — Entschuldige, ich hatte noch keine Gelegenheit, mit ihm zu sprechen; er ist nie frei.

ouvir alg./qc. fazer qc. — jen./etw. etw. tun hören; hören, wie j./etw. etw. tut

Ouvi entrar os três indivíduos e assustei-me.

Ich hörte die drei Männer/Kerle hereinkommen und erschreckte mich/Ich hörte, wie die drei... hereinkamen und...

Ouvi abrir-se uma porta lá dentro. Vai ver quem é.

(Ich habe dadrin eine Tür sich öffnen hören)/Ich habe gehört, wie sich dadrin eine Tür öffnete. Sieh einmal/mal nach, wer es ist.

parar de fazer qc.

1. aufhören, etw. zu tun; etw. unterbrechen
2. etw. nicht mehr tun
3. damit aufhören, etw. zu tun

1.a. Os trabalhadores *pararam de trabalhar* quando o Presidente da República passou pela fábrica.

Die Arbeiter hörten auf zu arbeiten/unterbrachen ihre Arbeit, als der Staatspräsident an der Fabrik/Firma vorbeiging/vorbeifuhr.

b. Já não deve haver nevoeiro porque há três dias que a ronca do farol *parou de tocar.*

Es wird wohl schon keinen Nebel mehr geben, da das Nebelhorn vor drei Tagen aufgehört hat zu heulen/da das Nebelhorn seit drei Tagen nicht mehr heult.

2. A busina *parou de tocar.*

Die Hupe hupt nicht mehr.

A máquina de lavar *parou de andar/parou de funcionar* há uns dias/já não anda desde há...

Die Waschmaschine funktioniert seit ein paar Tagen nicht mehr.

3. *Pára de me chatear!*

Hör' damit auf, mich zu ärgern!

Se *parares de me chatear*/se não me chateares mais, eu ajudo-te.

Wenn du damit aufhörst, mich zu ärgern/wenn du mich nicht mehr ärgerst, helfe ich dir.

Só te conto a história se *parares de me interromper* constantemente. Se voltares a interromper-me, não conto nem mais uma palavra.

Ich erzähl' dir die Geschichte nur, wenn du damit aufhörst, mich dauernd zu unterbrechen/wenn du mich nicht mehr dauernd unterbrichst. Wenn du mich wieder/wiederum unterbrichst, erzähl' ich kein einziges Wort mehr.

não **parar de** fazer qc.

1. nicht aufhören, etw. zu tun; etw. ohne Unterlaß/in einem durch/... tun
2. andauernd / die ganze Zeit /... etw. tun

1. Olha que tempo! Ainda *não parou de chover* hoje!

Schau dir das Wetter an! Es hat heute noch kein einziges Mal aufgehört zu regnen/es regnet heute in einem durch.

2 Enquanto o padre lia as exéquias pela mulher dele, o pobrezito *não parava de enxugar* as lágrimas. Fazia pena.

Während der Pfarrer die Totenmesse/das Traueramt für seine Frau las, hat er sich die ganze Zeit die Tränen getrocknet. Er tat einem leid/er konnte einem leidtun.

passar a fazer qc.

1. dazu übergehen, etw. zu tun; zu etw. überwechseln
2. (aber dann) dazu übergehen, etw. zu tun; (aber dann etw. tun)
3. dann nur noch etw. tun
4. etw. nicht mehr tun

1. Durante uns anos ela fez ballet e depois *passou a tocar* flauta.

   Einige Jahre machte sie Ballett und dann wechselte sie zur Flöte über/dann ging sie dazu über, Flöte zu spielen.

2. Ele a princípio limitava-se a cultivar legumes na horta, para gastá-los em casa, depois *passou a vender* cada vez mais nos supermercados.

   Im Anfang/anfangs beschränkte er sich darauf, im Garten Gemüse für den Hausgebrauch anzubauen, (aber) dann verkaufte er immer mehr in den Supermärkten (oder, weniger gut: aber dann ging er dazu über, immer mehr in den Supermärkten zu verkaufen).

3. Ele primeiro traduzia ainda uns livros, depois *passou a fazer* só uns biscates.

   Zuerst übersetzte er noch ein paar Bücher, dann machte er nur noch (so ein paar) Gelegenheitsarbeiten.

4. Eu dantes trabalhava muito, mas como nunca ninguém reconheceu o meu trabalho, fartei-me e *passei a* não me *ralar.*

   Früher habe ich viel gearbeitet, aber da niemals jemand meine Arbeit anerkannte, wurde ich es satt und habe mich nicht mehr angestrengt.

pegar a fazer qc.

1. anfangen (zu arbeiten; beruflich)
2. (wie ein Wilder/...) anfangen, etw. zu tun

1. Em Portugal, os trabalhadores *pegam a trabalhar* às 7 ou 8 horas, na Alemanha já começam às 6.

   In Portugal fangen die Arbeiter um 7 oder 8 Uhr an (zu arbeiten), in Deutschland beginnen sie schon um 6.

2. Viste o pequeno? *Pegou a correr* pelos campos fora!

   Hast du den Kleinen/Jungen gesehen? Wie ein Wilder rannte er los da über die Felder.

   O miúdo *pegou a ler* depois do almoço e ainda não largou o livro.

   Der Junge hat nach dem Essen angefangen zu lesen und das Buch bis jetzt nicht aus der Hand gelegt.

Quando *pega a falar*, nunca mais se cala.

Wenn er (erst einmal (richtig)) anfängt zu reden, hört er nicht mehr auf.

pego e faço/pegas e fazes/... (wie wild / in einem Schwung / völlig/...) etw. tun

Se a irritam, *pega e grita* que nunca mais acaba.

Wenn man sie aufregt, schreit sie wie wild (los) und hört nicht wieder auf.

Primeiro fui dar uma volta, depois vim para casa, *peguei e arrumei* os quartos todos — só depois é que me sentei a ler.

Zuerst habe ich einen Rundgang gemacht, dann bin ich nach Hause gekommen und habe alle Zimmer (in einem Schwung) in Ordnung gebracht/aufgeräumt — und erst dann habe ich mich hingesetzt und gelesen.

Se me chateias mais com essa maldita tradução, *pego e dou cabo* do livro todo.

Wenn du mich noch weiter mit dieser verdammten Übersetzung belästigst, (zerstör' ich das ganze Buch)/reiß' ich das ganze Buch in Fetzen.

Enfureci-me tanto com as eternas alusões à minha preguiça que *peguei e fiz* num dia o que ele costuma fazer em três.

Ich wurde derart wütend über seine ewigen Anspielungen auf meine Faulheit, daß ich (mich an die Arbeit machte und) in einem Tag erledigte, was er in drei Tagen zu machen pflegt.

pensar fazer qc.

1. j. denkt, er würde...
2. daran denken, etw. zu tun; auf die Idee/den Gedanken kommen, etw. zu tun; + jem. fällt ein, etw. zu tun
3. j. denkt, er würde...; denken, etw. zu tun; damit rechnen, etw. zu tun
4. daran denken, etw. zu tun; (eigentlich) vorhaben, etw. zu tun

1. Ora, bons olhos te vejam! *Pensava* não *voltar a encontrar-te* este ano!

   Oh, sei mir gegrüßt! Ich dachte (schon), ich würde dich dies Jahr nicht wieder treffen.

   O barulho foi tanto! *Pensei dar em doida!*

   Das war ein Lärm/das war ein derartiger Lärm! Ich dachte, ich würde verrückt!

2. Que cheirete esta gente deita! De certeza que nunca *pensaram em lavar-se/* (que nunca lhe passou pela cabeça lavarem-se).

   Diese Leute (hier) stinken vielleicht! Die haben bestimmt nie daran gedacht, sich zu waschen/die sind bestimmt nie auf die Idee/den Gedanken gekommen, sich zu waschen/denen ist bestimmt nie eingefal'en, sich zu waschen.

3. Fui lá, *pensando encontrá-lo* em casa, mas tinha acabado de sair.

   Ich ging hin, weil ich dachte, ich würde ihn zu Hause antreffen/... ich dachte, ihn zu Hause anzutreffen; aber er war gerade weggegangen/aus dem Haus gegangen.

4. Tu *pensas levar a sério* as caturrices dela?
   Ó filho, deixa-te disso!

   Hast du (etwa) vor, ihre Querköpfigkeit ernstzunehmen? Gib es auf, man!/Dir fällt doch wohl nicht ein, ihre...

   Vais ao cinema hoje?
   — Bem, eu *estava a pensar trabalhar* toda a tarde, mas se me tentas muito...

   Gehst du heute mit ins Kino?
   — Ich hatte eigentlich vor, den ganzen Nachmittag zu arbeiten, aber wenn du mich so verführst...

pensar em fazer qc.

1. daran denken, etw. zu tun
2. daran denken, etw. zu tun; mit dem Gedanken spielen/sich mit dem Gedanken tragen, etw. zu tun

1. Eu ainda *pensei em deixar* as janelas abertas, mas lembrei-me das tuas recomendações, e fechei tudo.

   Ich dachte noch daran, die Fenster auf zu lassen; aber dann fielen mir deine (guten) Ratschläge ein, und ich machte alles zu.

   Eu *estava a pensar em passar* por casa dele, quando ele me apareceu à porta. Foi sorte!

   Ich dachte daran, bei ihm vorbeizugehen/vorbeizufahren, als er plötzlich in der Tür stand. Das war Glück.

2. *Ando a pensar em ir* para o Brasil para fazer fortuna.
   — Então andas a pensar mal. No Brasil já não se ganham fortunas.

   Ich denke daran/ich spiele/trage mich mit dem Gedanken, nach Brasilien zu gehen, um dort mein Glück zu versuchen/um dort zu Reichtum zu kommen. — Dann denkst du falsch. In Brasilien wird man kein Krösus mehr/(kommt man nicht mehr so leicht an Reichtümer)/wird man nicht mehr so leicht reich.

poder fazer qc.

1. etw. tun können (der Möglichkeit, den Umständen, der — augenblicklichen / ... — Fähigkeit nach)
   (cf. **saber** fazer qc.)
2. etw. tun können/dürfen

1. *Podes dizer-me* o que querem dizer estes sinais misteriosos?/*Sabes dizer-me*...

Kannst du mir sagen, was diese geheimnisvollen Zeichen bedeuten?

Podes indicar-me o caminho?/*Sabes*...

Kannst du mir den Weg sagen/zeigen?

Que saudades eu tenho do Alberto! Quando regressará?
— Pois olha, *podes alegrar-te!* Recebi hoje carta dele a anunciar a chegada para daqui a uma semana.

Ich sehne mich wirklich nach dem Albert! Wann kommt er zurück?
— Oh, da kannst du dich freuen! Ich habe heute einen Brief von ihm bekommen, in dem er seine Ankunft für heute in einer Woche ankündigt.

O Sr. Martins está em casa?
— Não sei, ele *pode estar* em casa a esta hora, mas não sei...

Ist (der) Herr Martins zu Hause? — Ich weiß (es) nicht. (Er kann zu dieser Zeit zu Hause sein)/es kann sein, daß er zu dieser Zeit zu Hause ist/es ist möglich, daß er...; aber ich weiß nicht...

Mas olha que isso *pode* não *ser* bem assim.
— É, é. Sei-o de fonte segura.

Aber hör' mal, es kann gut sein/es ist gut möglich, daß dem nicht so ist.
— Doch, doch. Ich weiß es/habe es aus zuverlässiger Quelle.

Mas quem é que *pode afiançar-me* que ele me restitui o dinheiro?

Aber wer kann mir verbürgen, daß er mir das Geld wiedergibt?

Quem *poderá ir* logo comigo à baixa?

Wer kann nachher mit mir in die Stadt gehen?

Desculpa, *podes chegar-me* esse papel? Sim, sim, esse mesmo. Obrigado.

Entschuldige, kannst du mir das Papier da herüberreichen? Ja, ja, genau das da. Danke.

Não vamos ter tempo de fazer tudo antes da partida!
— Porque não? Eu *posso fazer* as malas enquanto tu acabas isso...

Wir werden keine Zeit haben, alles vor der Abreise zu erledigen!
— Warum nicht? Ich kann die Koffer packen, während du das hier zuendemachst...

Ele não *pode andar a pé agora,* com a doença que tem.

Er kann jetzt nicht zu Fuß gehen, mit seiner Krankheit.

Podem-me bater, torturar, fazer o que quiserem — que eu não traio o nome dos meus colegas.

Sie können mich schlagen, foltern, (mit mir) machen, was sie wollen — ich werde den Namen meiner Gefährten nicht verraten.

2. *Posso entrar?...*

Kann/darf ich hereinkommen?

Olha lá, porque é que não *posso entrar* no teu quarto?
— Não te digo, é segredo.

Hör' mal, warum darf ich nicht in dein Zimmer?
— Das sag' ich dir nicht, das ist ein Geheimnis.

Prefiro ir para a praia. Ali *pode-se fazer barulho* à vontade, sem ninguém nos chatear.

Ich ziehe es vor, an den Strand zu gehen. Da kann/darf man Lärm machen, soviel man will, ohne daß einem jemand (mit seinen Ermahnungen/...) auf die Nerven fällt.

cf. **pode ser que...**	es kann/mag sein, daß...; vielleicht

Achas que ele aceita o convite?
— *Pode ser que* aceite e *pode ser que* não. Tu bem sabes como ele é imprevisível.

Meinst du, er nimmt die Einladung an?
— Es kann/(mag) sein, daß er sie annimmt, und es kann/mag (auch) sein, daß er sie nicht annimmt/Vielleicht nimmt er sie an, vielleicht auch nicht. Du weißt ja, wie unvorhersehbar er ist.

pôr alg. **a** fazer qc.	jen. ans + subst. Inf. bringen

Bolas! Com a lista de compras que me deste para fazer, *puseste-me a bufar.* Pensei que não podia comprar tudo numa manhã.

Mensch! Mit der Liste, die du mir da gegeben hast, von Einkäufen, die ich zu machen hatte, hast du mich (ganz schön) ans Schwitzen gebracht. Ich dachte, ich könnte an einem Morgen nicht alles einkaufen.

cf. **pôr alg. a estudar/...**	jen. etw. lernen lassen
((alg. **pôs** alg. **a** estudar/ aprender.../...	j. läßt jen. etw. lernen/...))

Ouvi dizer que o Mota *pôs* o filho *a estudar,* é verdade?

Ich habe gehört, der Mota läßt seinen Sohn studieren, stimmt das?

A Rosa quer *pôr* a filha mais velha *a aprender* costura.

(Die) Rosa will ihre älteste Tochter nähen lernen lassen.

(depois) **pôr-se a** fazer qc.	1. anfangen, etw. zu tun 2. etw. (lang und breit) tun (was man vorher nicht getan hat); anfangen, etw. zu tun

3. (und) (dann) etw. tun; (und) (dann) dazu übergehen, etw. zu tun
4. (und) (dann) auch noch etw. tun; (und) (dann) auch noch anfangen, etw. zu tun

1. Ela quando estava nervosa, *punha-se a puxar* por uma ponta do lenço. Não dizia nada, mas quem a conhecia, sabia logo que ela estava prestes a rebentar.

   Wenn sie nervös/aufgeregt war, fing sie an, an einem Zipfel ihres Taschentuchs zu zupfen. Sie sagte nichts; aber wer sie kannte, wußte sofort, daß sie drauf und dran war zu platzen.

2. «Não adianta *pormo-nos* agora *a lamentar* o que aconteceu», disse ele, «agora o que temos é de encarar com coragem e energia as dificuldades que se nos oferecem».

   «Es hat (jetzt) keinen Sinn/es führt (jetzt) nicht weiter, (lang und breit) darüber zu klagen, was geschehen ist/anzufangen darüber zu klagen...», sagte er, «jetzt müssen wir den Schwierigkeiten, die sich uns in den Weg stellen, mit Mut und Energie entgegentreten».

3. Primeiro explicou a diferença entre «palavra» e «sintagma», e depois *pôs-se* uma hora *a explicar* as diferentes definições da «palavra».

   Zunächst erklärte er den Unterschied zwischen «Wort» und «Syntagma» und dann führte er eine Stunde lang die verschiedenen Definitionen des «Wortes» vor/ging er dazu über, eine Stunde lang... vorzuführen.

4. ... e depois ainda *se pôs a ofender-me!*

   ...und dann beleidigte er mich auch noch!/... und dann fing er auch noch an, mich zu beleidigen!

cf. pôr-se a pensar (mal) (genauer) über die Sache nachdenken

Quando vim para casa, *pus-me a pensar:* porque é que ele me convidou com tanta insistência, e porque sempre só?

Als ich nach Hause kam, habe ich mal genauer über die Sache nachgedacht: warum lud er mich so inständig (zu sich) ein, und warum immer allein?

fui/foi/... **precipitado a** fazer qc. etw. überstürzt tun

Fui precipitada a dar esta resposta; antes devia ter pensado...!

Ich habe diese Antwort überstürzt gegeben! Ich hätte lieber nachdenken sollen/ich hätte besser/ lieber nachgedacht...!

cf. Eu, ao dar esta resposta, precipitei-me; antes...

precisar de fazer qc. — 1. etw. tun müssen
2. etw. tun müssen; (es nötig haben, etw. zu tun/daß...); etw. nötig haben

1. Eu hoje *preciso de ir* ao banco, senão não sei como vou pagar a conta do médico.

   Heute muß ich zur Bank (gehen), sonst weiß ich nicht, wie ich die Rechnung für den Arzt/die Arztrechnung bezahlen soll.

2. Ó Susana, tu *estás a precisar de ir* ao cabeleireiro — olha para essas repas, pareces uma mulher a dias.

   Ah, Susanne, du mußt zum Frisör (gehen) — schau dir diese Flausen an, du siehst aus wie eine Putzfrau/(... du hast es nötig, zum Frisör zu gehen)/(du hast es nötig, daß du... gehst)/du hast den Frisör nötig.

   Vamos, nesse estado de nervos é melhor não fazeres o exame. *Precisas de te acalmar*, vá...

   Also, bei dieser nervlichen Verfassung machst du besser kein Examen. Du mußt dich (erst mal/erst einmal) beruhigen/du mußt (erst mal/erst einmal) ruhiger werden, man.

não precisar de fazer qc. — etw. nicht zu tun brauchen

Felizmente *não preciso de me levantar* de noite quando os pequenos choram, o meu marido nisso é estupendo.

Gott sei Dank/zum Glück brauche ich nicht aufzustehen nachts, wenn die Kinder weinen; darin ist mein Mann toll/großartig.

Não precisas de te envergonhar, é inteiramente natural sentires o que sentes.

Du brauchst dich nicht zu schämen, es ist völlig natürlich zu fühlen, was du fühlst.

preferir fazer qc. — lieber etw. tun; (es) vorziehen, etw. zu tun

Tomas o chá conosco, ou como é?
— Não, desculpa, mas *prefiro aproveitar* o sol e ir passar o dia na praia.

Trinkst du mit uns Tee? (Eher: Trinkst du mit uns Kaffee?). Oder was machst du?
— Nein, entschuldige, ich nutze lieber die Sonne aus und verbringe den Tag am Strand/Ich ziehe es vor, die Sonne auszunutzen und den Tag am Strand zu verbringen.

preparar-se para fazer qc.

1. sich darauf vorbereiten, etw. zu tun
2. sich darauf gefaßt machen, etw. zu tun

1. Desde há um ano ele *está a preparar-se* para fazer o exame.

   Seit einem Jahr bereitet er sich auf das Examen vor (oder, weniger gut: bereitet er sich darauf vor, das Examen zu machen).

   Ele *andou* dois anos *a preparar-se para fazer o exame.*

   Zwei Jahrelang/zwei Jahre hindurch hat er sich auf das Examen vorbereitet (oder, weniger gut: darauf vorbereitet, das... zu machen).

2. *Prepara-te para apanhares* uma grande chatice — vêm cá hoje jantar os sogros da Amélia!

   Mach dich auf eine große Unannehmlichkeit/auf eine verdammt dumme Sache gefaßt! (oder, weniger gut:... darauf gefaßt, eine große Unannehmlichkeit ertragen zu müssen) — die Schwiegereltern von Amélia kommen heute zum Abendessen.

   Ai não estudas?! Então *prepara-te para chumbares!*

   Ah, du arbeitest/lernst nicht?! Dann mach dich darauf gefaßt durchzufallen!

pretender fazer qc.

1. etw. tun wollen; beabsichtigen, etw. zu tun
2. etw. tun wollen; vorhaben, etw. zu tun; (beabsichtigen, etw. zu tun)

1. Você quando *pretende apresentar* a sua tese na Faculdade?
   — Bem, eu *pretendia apresentá-la* no próximo Outono...

   Wann wollen Sie Ihre Staatsarbeit einreichen?
   — Nun, ich beabsichtigte/hatte die Absicht, sie im nächsten Herbst einzureichen...

2. Mas ouça, você com esses métodos *pretende fazer-me* medo, ou quê? Olhe que para me assustar já é preciso mais do que isso!

   Aber hören Sie mal, wollen Sie mir mit diesen Methoden Angst einjagen/haben Sie (etwa) vor, mir mit diesen Methoden Angst einzujagen, oder was ist los? Wissen Sie, um mich zu erschrecken, ist schon mehr nötig.

   Sabe, Sr. Dr., eu *pretendo ir* hoje a Chaves. Talvez pudesse então tratar lá do seu assunto...

   Wissen Sie, Herr Dr., ich habe vor, heute nach Chaves zu fahren. Vielleicht könnte ich mich dann da um Ihre Angelegenheit kümmern...

principiar a fazer qc. (selten) — beginnen, etw. zu tun; anfangen, etw. zu tun

Eu estava a *principiar a fazer* os deveres, quando ele entrou.

Ich begann gerade damit, die (Schul-) Aufgaben zu machen/Ich war gerade dabei, mit den (Schul-) Aufgaben zu beginnen/Ich begann gerade mit den Schulaufgaben, als er hereinkam.

procurar fazer qc. — 1. etw. zu tun versuchen 2. etw. zu tun suchen/versuchen

1. Isto é um trabalho muito ingrato. A gente *procura ajudar* os outros, aconselha-os o melhor que sabe, e no fim ainda nos dizem que não fazemos nada e andamos a dormir.

   Das ist eine sehr undankbare Arbeit. Man versucht, den anderen zu helfen, berät sie, so gut man kann, und am Ende sagen sie einem (noch), daß man nichts für sie tut, daß man seine Zeit verschläft.

2. Ele *procura* sempre *influenciar* os outros, mas isso não está bem...

   Er sucht/versucht die anderen immer zu beeinflussen; aber das ist nicht richtig!

quedar-se a fazer qc. (lit.; selten) — dabei verweilen, etw. zu tun; bei dem Gedanken/... verweilen

Quedei-me a olhar aquele espectáculo extraordinário do pôr do sol nas montanhas.

Ich verweilte dabei, dem außergewöhnlichen Schauspiel des Sonnenuntergangs in den Bergen zuzuschauen.

Ao ouvir aquilo, ele *quedou-se a pensar* nos tempos da sua juventude..., como, no fundo, era tudo ainda igual.

Als er das hörte, (verweilte er bei dem Gedanken an)/dachte er an seine Jugendzeit... Wie (doch) im Grunde alles noch genau so wie damals war.

querer fazer qc. — etw. tun wollen

Agora deixa-me em paz! *Quero começar* a traduzir!

Jetzt laß mich zufrieden/in Ruhe/(in Frieden)! Ich will jetzt anfangen zu übersetzen.

Queres ir hoje nadar? — Quero.

Willst du heute schwimmen gehen? — Ja.

alg. **queria** fazer qc. — j. möchte etw. tun

Desculpe incomodá-lo, mas eu *queria perguntar-lhe* o seguinte...

Entschuldigen Sie, daß ich Sie störe, aber ich möchte Sie folgendes fragen...

antes querer fazer qc. — lieber etw. tun wollen; (es) vorziehen, etw. zu tun

Antes queres ir para a praia ou ficar aqui no jardim?

Willst du lieber an den Strand gehen oder hier im Garten bleiben?

Sonderfälle:

Quero pedir a todos os presentes o maior silêncio.

Ich möchte alle Anwesenden um äußerste Ruhe bitten.

Não percebo!...
— *Queira* V. Ex.ª *ler* esta cartinha que já fica inteirado dos factos.

Ich verstehe nicht!...
— Lesen Sie bitte diesen (kurzen/kleinen) Brief, dann sind Sie über die Tatsachen im Bilde.

Ó Sousa, você *queira desculpar,* mas eu acho que não tem razão.

Oh, Herr Sousa, entschuldigen Sie, aber ich finde, Sie haben Unrecht.

Eu não *quero crer* que o José tenha feito isso de propósito para te lixar. Não o considero desleal.

Ich möchte nicht glauben, daß (der) Joseph das mit Absicht/extra gemacht hat, um dich reinzulegen/dranzukriegen. Ich halte ihn nicht für eine treulose Natur/für jemanden, der die anderen im Stich läßt.

E ele estava triste, acabrunhado?
— *Quis-me parecer* que não. Antes se fingia triste, para receber a nossa compaixão.

Und er war traurig, bedrückt?
— Es schien mir nicht so/ich hatte nicht den Eindruck/(es wollte mir nicht so scheinen). Er stellte sich eher traurig, um (unser) Mitleid zu erheischen.

Fecha as janelas! Parece que *quer trovejar.*

Mach' die Fenster zu. Es wird donnern, scheint es.

Queres ver que ele vai cair ali abaixo.

Du wirst sehen, er fällt da herunter.

Não, não fui eu que fiz. *Quer dizer:* dirigi os trabalhos, mas quem os executou, não fui eu.

Nein, ich hab' das nicht gemacht. Das heißt: ich habe die Arbeiten geleitet, aber ausgeführt habe ich sie nicht.

... Ah, isso não *quer dizer* nada.

... Ach, das heißt (gar) nichts/das bedeutet nichts/das will nichts heißen/das will nichts bedeuten.

recusar-se a fazer qc. — es ablehnen, etw. zu tun

Vamos, não sejas chato, não entendo porque não queres...
— Porquê? Porque sempre *me recusei a tomar* parte em actividades que redundam em engano de outras pessoas.

Los, sei nicht blöd! Ich verstehe nicht, warum du nicht willst...
— Warum (nicht)? Weil ich es immer abgelehnt habe, an Aktivitäten teilzunehmen/mich an Aktivitäten zu beteiligen, die auf den Betrug anderer Leute hinauslaufen.

resolver fazer qc. — beschließen, etw. zu tun

O teu irmão é um desmancha-prazeres! Tinhamos combinado ir todos ao cinema, e à última hora ele *resolveu ir* ao teatro.

Dein Bruder ist ein Spielverderber! Wir hatten ausgemacht/vereinbart, alle (zusammen) ins Kino zu gehen, und er beschloß in letzter Minute, ins Theater zu gehen.

resolver-se a fazer qc. — sich entschließen, etw. zu tun

Então sempre *te resolveste a fazer* o exame de alemão? Realmente tens razão — com o diploma tens mais chances.

Also hast du dich doch entschlossen, das Deutschexamen/die Deutschprüfung/das Examen in Deutsch/die Prüfung in Deutsch zu machen? In der Tat, du hast Recht — mit dem Examen (in der Tasche) hast du mehr Möglichkeiten/mehr Chancen/mehr Aussichten (etwas Vernünftiges zu finden/...).

estar resolvido a fazer qc. — entschlossen sein, etw. zu tun

...Já decidi. *Estou resolvido a vender* a casa; dá mais despesas do que lucros, e só do valor afectivo não posso alimentar a família.

...Ich habe schon entschieden. Ich bin entschlossen, das Haus zu verkaufen; es gibt mehr Unkosten, als es einbringt, und nur von dem affektiven Wert kann ich die Familie nicht ernähren.

romper a correr/andar/... rir/chorar/... cantar/... berrar/descompôr alg. (?)

1. losrennen/losrasen/...
2. losgehen/losziehen (und gehen/spazieren / wandern / ...); sich auf den Weg machen (durch/über/...)
3. losplatzen; (loslachen); losheulen
4. mit Schwung/ Begeisterung/... (anfangen) etw. (zu) tun

1. Quando ouvi dizer que estava uma pessoa aflita no mar, *rompi a correr* por ali fora, e só parei à borda da água. É que os meus dois filhos andavam a tomar banho...

Als ich hörte, daß einer von den Leuten, die da im Meer schwammen, in Not war, rannte ich auf und davon/raste ich los, bis ans Ufer. Meine beiden Kinder/Söhne schwammen nämlich gerade...

2. Mal despontou a manhã, *rompemos a andar* por aquelas serras fora — que maravilha de passeio.

   Kaum war die Sonne herausgekommen/beim ersten Morgengrauen/ in aller Herrgottsfrühe zogen wir los und wanderten durch jene Berge/ (machten wir uns auf den Weg über jene Berge) — welch ein/was für ein herrlicher Spaziergang!

3. A Irene ouviu as explicações todas da velhota sem se desmanchar, mas quando a tia disse que tinha uma agulha dentro do corpo, ela não se conseguiu dominar mais e *rompeu a rir.*

   (Die) Irene hörte sich all die Erklärungen der Alten an, ohne sich etwas anmerken zu lassen; aber als die Tante sagte, sie hätte eine Nadel im Körper, konnte sie sich nicht mehr beherrschen und platzte los.

4. Não imaginas que lindo era dantes nas aldeias, quando havia esfolhadas! As moças *romperam a cantar*, com as suas vozes altas... Ouvia-se a quilómetros de distância.

   Du kannst dir gar nicht vorstellen, wie schön das früher in den Dörfern war, wenn man den Mais entblätterte und enthülste. Da fingen die Mädchen an zu singen, mit ihren hohen Stimmen, daß man sie kilometerweit hörte...

saber fazer qc. — 1. etw. tun können (Fähigkeit) (cf. **poder** fazer qc.) 2. es verstehen, etw. zu tun

1. Tu *sabes traduzir* também textos difíceis do alemão, não *sabes?* Então...
   — Ora bem, eu *sei traduzir* este texto, mas agora não *posso traduzi-lo* — não tenho tempo/tenho visitas/estou doente/...

   Du kannst (doch) auch schwierige Texte aus dem Deutschen übersetzen, nicht?! Dann...
   — Nun gut, ich k a n n diesen Text (zwar) übersetzen, aber ich kann ihn nicht j e t z t übersetzen/aber es ist mir nicht möglich, ihn jetzt zu übersetzen — ich habe keine Zeit/ich habe Besuch/ich bin krank/...

   Tu *sabes/podes indicar-me* o caminho.../*dizer se*.../...

   Kannst du mir den Weg sagen.../sagen ob.../...

   Ora imagina, tão pequenino, e como ele *sabe comportar-se* bem, quando o convidam.

   Hm, stell' dir vor, wie klein er (noch) ist und wie gut er sich benehmen kann, wenn er eingeladen ist.

2. Tenho tanto medo que ela se deixe levar por aquele leviano.
   — Não te preocupes! Ela *sabe* muito bem *pôr-se no seu lugar.*

Ich habe solche Angst, daß sie sich von diesem leichtsinnigen Jungen fertigmachen läßt.
— Mach'dir keine Sorgen! Sie versteht es ausgezeichnet, die Haltung einzunehmen, die ihr zusteht (sodaß ihr niemand zu nahe kommt).

cf. **saber falar** português / alemão/... — Portugiesisch/Deutsch/... können

Ela *sabe falar* alemão? — Muitíssimo bem!

Kann sie Deutsch? — Ausgezeichnet!

cf. **saber** trabalhar/cozer/... — arbeiten/nähen/... können; vom Arbeiten / Nähen / ... etwas verstehen; wissen, was arbeiten/nähen/... heißt

Aquele moço *sabe trabalhar!*

Dieser Junge kann arbeiten/versteht etwas vom Arbeiten/weiß, was arbeiten heißt.

Sonderfälle:

João, *saiba ter maneiras!* Então escarafuncha-se assim no nariz na frente de toda a gente?

Hans, benimm' dich! Bohrt man sich denn da so vor allen Leuten in der Nase herum?

Ele *não quer saber das* filhas (para nada); andam para ali ao abandono.

Er will von seinen Töchtern nichts wissen; sie sind (da)/leben (da) völlig verlassen.

Ouvi dizer que ele abandonou a mulher e não *quer saber mais das* filhas?

Ich habe gehört, er hat seine Frau verlassen und will von seinen Töchtern nichts mehr wissen?

sair a fazer qc. — 1. herausgehen und etw. tun; weggehen/... und etw. tun
2. anfangen, mit den Armen zu fuchteln/...

1. O teu irmão não está?
— Está. Só que *saiu a buscar* cigarros. Volta já.

Ist dein Bruder nicht da?
— Doch. Er ist nur eben weggegangen, um Zigaretten zu holen. Er ist gleich zurück.

2. Tu reparaste que figura caricata fez o Ricardo?
— Reparei. *Saiu a dar aos braços,* todo furioso. Parecia um moinho de vento.

Hast du gemerkt, welch eine lächerliche Figur (der) Richard machte? — Ja. Er fing an, mit den Armen da herumzufuchteln, ganz wütend... Er sah aus wie eine Windmühle.

sair-se a fazer qc. — etw. tun, das ist eine (wahre) Wonne (einem zuzuhören/...); etw. tun (womit man einen — unerwartet — guten Eindruck macht/gut herauskommt/ etw. schafft/etw. leistet)

Tu foste ontem à festa dos Cunhas? Diz que o António *se saiu a cantar* o fado, que foi um espanto para todos.

Warst du gestern auf dem Fest bei den Cunhas? Der António/Tonio soll da Fados gesungen haben, das war eine wahre Wonne — da waren alle (vor Staunen) ganz weg/da kamen alle aus dem Staunen nicht mehr heraus/ (...Der Tonio soll da (ein paar) Fados hingelegt haben.../ Der Tonio soll da ganz groß mit ein paar Fados herausgekommen sein...)

Sim senhor! *Saiste-te a dizer* os nomes dos rios todos! Nunca supus que os soubesses de cor!

In der Tat! Du hast es geschafft, alle Flüsse aufzusagen/zu nennen/... Du hast alle Flüsse aufgesagt/genannt — damit hast du etwas geleistet/... Du hast alle Flüsse... genannt — es war eine (wahre) Wonne, dir zuzuhören. Ich hätte nie geglaubt, daß du sie alle auswendig wüßtest.

sentir alg./qc. fazer qc. — jen./etw. etw. tun fühlen; fühlen, wie j./etw. etw. tut

Senti-o aproximar-se e comecei a correr.

Ich fühlte ihn näherkommen und fing an zu rennen/Ich fühlte, wie er näher kam, und...

Senti correr-me um arrepio pela espinha quando ele contou aquela história horripilante.

(Ich fühlte einen Schauer mir den Rücken herunterlaufen)/Ich fühlte, wie mir ein Schauer den Rücken herunterlief, als er die schreckliche Geschichte erzählte.

(não) **ser de/para** lamentar/ desesperar/admirar/... — (nicht) zu verwundern sein; zum Verzweifeln sein; bedauerlich sein

É de/para desesperar, ver um moço tão inteligente a desaproveitar por preguiça os dons que Deus lhe deu!

Es ist zum Verzweifeln, einen so intelligenten Jungen zu sehen, der aus Faulheit die Gaben/Anlagen ungenutzt läßt, die Gott ihm gegeben hat.

É para/de lamentar encontrar-se ausente o responsável pelos acontecimentos.

Es ist bedauerlich, daß der für die Ereignisse Verantwortliche abwesend ist.

O seu filho colabora?
— Não. — Pois *é de/para lamentar*. Se a juventude se recusa, quem trabalhará?

Ihr Sohn arbeitet/macht mit?
— Nein. — Das ist wirklich bedauerlich. Wenn die Jugend es ablehnt, wer wird dann arbeiten/mitmachen?

tentar fazer qc. — 1. etw. zu tun versuchen 2. etw. zu tun suchen/versuchen

1. Abres-me esta garrafa? — Já *tentei abrir*, mas não consigo.

   Öffnest du mir diese Flasche/machst du mir diese Flasche auf? — Ich habe schon versucht, sie zu öffnen/sie aufzumachen, aber es gelingt mir nicht/ich schaffe es nicht.

   Devias *tentar fazer* o exame agora. Quem sabe, pode ser que tenhas sorte, e escusavas de pensar mais nisso.

   Du solltest versuchen, das Examen jetzt zu machen. Wer weiß, es kann sein, daß du Glück hast, dann brauchtest du nicht länger daran zu denken.

2. Ele *tenta* sempre *influenciar* os discípulos, mas isso não está bem...

   Er sucht/versucht immer, die Schüler zu beeinflussen; aber das ist nicht richtig.

(ainda / ...) **ter a** entregar / a aviar/... — (noch/...) abzuliefern/zu erledigen/... haben

Pronto, agora só *temos* mais duas receitas *a aviar*, e depois por hoje acabou-se o trabalho!

So, jetzt haben wir nur noch zwei Bestellungen zu erledigen, und dann ist Schluß für heute mit der Arbeit!

(ainda / ...) ter a dizer / comunicar/participar/... qc. a alg. — 1. jem. (noch/...) etw. sagen/mitteilen/... müssen 2. jem. unbedingt etw. sagen/mitteilen/... müssen 3. jem. leider... müssen

1. Pois *tenho a dizer-lhe* que a sua filha fez um belo exame! Sim senhor, os meus parabéns!

   Ich muß Ihnen sagen, daß Ihre Tochter ein prächtiges Examen gemacht hat. Jawohl! Meinen herzlichen Glückwunsch!

2. Telefone-lhe porque *tenho* uma coisa *a dizer-lhe*...: o senhor deixe de perseguir a minha mulher, ouviu? Pronto, eu disse o que *tinha a dizer*, agora faça como quiser!

   — Ruf bei ihm an/wähl' seine Nummer, denn ich muß ihm unbedingt etwas sagen...: Sie hören auf damit, meiner Frau nachzuspüren, haben Sie verstanden/gehört?! So, ich habe gesagt, was ich zu sagen hatte, jetzt tun Sie, was Sie für richtig halten!

3. Eu *tenho a dizer-lhe* uma coisa — ou você entra nos eixos, ou — rua!

   Ich muß Ihnen leider sagen: entweder Sie kommen ins Lot oder — Sie fliegen raus!

cf. **(não) ter alguma coisa/(nada) a dizer sobre** qc. — etwas/(nichts) zu etw. zu sagen haben

A versão oficial do caso é a que expus. Há aí alguém que *tenha mais alguma coisa a dizer sobre* o assunto, (...a acrescentar ao assunto)?

Die offizielle Version/(Lesart) des Falls ist die, die ich vorgetragen habe. Hat da noch jemand zu der Angelegenheit etwas zu sagen? (etwas zu der Angelegenheit hinzuzufügen)?

cf. duas pessoas/várias pessoas/... **não têm nada a dizer um ao outro** — zwei/mehrere Personen haben sich nichts zu sagen

Que chatice! Vai ele convidar o Matos! Mas esse tipo e eu *não temos nada a dizer um ao outro!* Idades diferentes, interesses diferentes, absolutamente nada em comum!

So was Dummes! Da lädt er doch den Matos ein! Dieser Kerl und ich, wir haben uns nichts zu sagen! Verschiedene Altersstufen, verschiedene Interessen, absolut nichts, was gemeinsam wäre!

ter a fazer qc. — etw. zu tun haben; etw. tun müssen

Sabes o que *tens a fazer* num caso desses: é tomar uma decisão rápida e depois não hesitar...

Weißt du, was du in einem solchen Fall zu tun hast/tun mußt: rasch eine Entscheidung treffen und danach nicht (mehr) zögern.

cf. **não ter (mais) nada a fazer a alg.** — bei jem. nichts (mehr) machen können (Arzt); bei jem. nicht (mehr) helfen können (Arzt)

Mas ele está mesmo à morte? — O médico diz que *não tem mais nada a fazer-lhe.*

Aber steht er wirklich kurz vor dem Tod?
— Der Arzt sagt, er könne bei ihm nichts mehr machen/er könne ihm nicht mehr helfen.

cf. **não ter mais nada a fazer:** — da gibt's (für jen.) nur noch eins (zu tun):

Nisto sentiu-se cheiro a fumo. Pois ela *não teve mais nada a fazer,* agarrou no microfone e com toda a presença de espírito disse que se ia fazer um simulacro de incêndio, que fossem saindo todos ordenadamente, para ensaiar. Com a sua decisão salvou a vida de centenas de pessoas.

Da roch es (plötzlich) nach Feuer. Da gab's (für sie) nur noch eins: sie ergriff das Mikrophon und sagte — völlig geistesgegenwärtig —, sie würden das Verhalten bei einem Brand üben; alle sollten herausgehen, geordnet, um zu proben. Mit ihrer Entschlossenheit rettete sie Hunderten von Menschen das Leben.

ainda/... **ter** umas coisas/... **a** dizer/fazer/...	noch/... einige Sachen/... zu sagen/ machen/... haben

Anda, desliga o telefone, já estás a falar há uma hora! — Ó pai, eu agora só *tenho* umas coisas *a dizer*, é rápido.

Los, mach Schluß/(häng' ein), du bist schon eine Stunde am Reden/du redest schon eine Stunde. — Och, Vater/Papa, jetzt habe ich nur noch ein paar Sachen zu sagen; es ist schnell jetzt.

ter a receber/pagar/... (ainda)	(noch) etw. zu bekommen/erhalten/ zahlen haben

Então agora as contas estão liquidadas, não estão? Ou ainda *tenho* alguma coisa *a receber?*
— Tem; o senhor ainda *tem a receber* 10 escudos dos transportes.
— Mas como *tenho a pagar* 11 escudos das bebidas, estamos quites.

Die Rechnungen sind also jetzt erledigt, nicht wahr? Oder habe ich noch etwas zu bekommen?
— Ja, Sie haben noch 10 Escudos vom Transport zu erhalten.
— Aber da ich 11 Escudos für die Getränke bezahlen muß, sind wir quitt.

cf. **não ter nada a dizer a** qc.	an etw. nichts auszusetzen haben

A sua tese merece 20 pontos! *Não tenho nada a dizer ao* trabalho — tanto do ponto de vista linguístico como científico, é perfeito.

Ihre Staatsarbeit/Doktorarbeit/Habilitationsschrift verdient 20 Punkte (die Note «mit Auszeichnung»). Ich habe an der Arbeit nichts auszusetzen — sowohl unter sprachlichem wie unter wissenschaftlichem Gesichtspunkt ist sie perfekt.

cf. **não ter mais nada a dizer a alg.**	jem. nichts mehr zu sagen haben

Está ali o João que quer falar contigo.
— Para quê, para discutir outra vez o assunto da venda do carro? Eu já lhe pus as minhas condições, *não tenho mais nada a dizer-lhe.*

Da ist (der) Hans, er will mit dir sprechen.
— Wozu, um nochmal über den Verkauf des Wagens zu diskutieren? Ich habe ihm schon gesagt, welches meine Bedingungen sind; ich habe ihm nichts mehr zu sagen.

cf. **ter** ainda uma coisa/... **a pedir a alg.**	jen. noch um eins/... bitten müssen

Eu *tenho* ainda uma coisa *a pedir-lhe,* era se me traduzia rapidamente estas linhas para o alemão.

Ich muß Sie noch um eins bitten: (ob Sie so gut sind und mir diese Zeilen rasch ins Deutsche übersetzen/ob Sie mir diese Zeilen schnell ins Deutsche übersetzen (können))/mir... zu übersetzen.

ter de fazer qc. etw. tun müssen

Eu *tenho de o convencer* que sei mais alemão do que a Manuela, se quero apanhar o lugar — mas ele à Manuela não pergunta nada: se nenhum de nós for examinado, ele dá-lhe o lugar a ela, sem pensar.

Ich muß ihn davon überzeugen, daß ich besser Deutsch kann als Manuela, wenn ich die Stelle bekommen will — aber Manuela fragt er nichts: wenn keiner von uns geprüft wird, gibt er ihr die Stelle, ohne zu überlegen.

Estou inteiramente de acordo contigo! Que importância tem se com 10 anos se fazem três ou quatro erros num ditado de duas páginas?! Mas eu *tenho de ralhar* com o pequeno, quer queira quer não, senão ele pensa que não precisa de estudar mais.

Ich bin ganz/völlig deiner Meinung! Es ist völlig gleichgültig, ob man mit 10 Jahren drei oder vier Fehler in einem Diktat von zwei Seiten macht. Aber ich muß mit dem Jungen schimpfen, ob ich will oder nicht, sonst meint er/der, er braucht nichts mehr zu tun/er braucht nicht mehr zu arbeiten/er braucht sich nicht mehr anzustrengen.

Não, não posso ir contigo porque *tenho de fazer* hoje *limpeza* na sala.

Nein, ich kann nicht mir dir gehen, denn heute muß ich das Wohnzimmer putzen.

Já estás pronta?
— Não, ainda *tenho de ir* à padaria.

Bist du fertig?
— Nein, ich muß noch zur Bäckerei (gehen).

Hoje *tenho de ir* ao cabeleireiro, depois *tenho de passar* pelo banco e pela livraria e ao fim da tarde *tenho de dar banho* aos pequenos.

Heute muß ich zum Frisör, dann muß ich bei der Bank und bei der Buchhandlung vorbei (-gehen) und gegen Abend muß ich die Kinder baden.

Se deseja ser um dia médico, *tem de trabalhar* e *estudar* a valer.

Wenn er eines Tages Arzt sein will, muß er anständig arbeiten und lernen.

Imagina tu a chatice! Sou eu que *tenho de ir dizer* ao Paulo que a filha anda a levar uma vida desvergonhada...

Stell' dir vor, was für eine unangenehme Sache! Ich muß (dem) Paul sagen, daß seine Tochter ein lockeres Leben führt...

Para que um dia o João e eu fossemos inimigos, muitas imprevisíveis e impossíveis *teriam de acontecer*.

Damit (der) Hans und ich uns (einmal) verfeindeten, dafür mußten schon allerhand unvorhersehbare und unmögliche Dinge passieren.

ter qc. por fazer etw. noch zu tun/machen/(erledigen) haben

Não, tem paciência, não vou hoje à praia, ainda *tenho* tudo *por fazer:* a tradução para o Carlos, a revisão dos deveres dos pequenos, o vestido para a Fernanda... não posso ir hoje.

Nein, entschuldige, heute gehe ich nicht schwimmen/an den Strand/baden. Ich habe noch die verschiedensten Dinge zu tun/machen/erledigen: die Übersetzung für Karl, die Korrektur der Hausarbeiten der Kinder, das Kleid für Fernanda... ich kann nicht gehen.

ter que fazer qc. etw. tun müssen

Não, tem paciência, a sala está imunda, *tens que* a *limpar* hoje à tarde, lembro-te que temos visitas à noite. *Tem que ser* mesmo.

Nein, entschuldige/nein, ich bitte dich! Das Wohnzimmer ist dreckig wie nur etwas, du mußt es heute nachmittag sauber machen; vergiß nicht, daß wir heute abend Besuch haben. Es muß sein (da gibt's nichts/da führt kein Weg dran vorbei).

Ó Manuel, olha que estamos sem dinheiro em casa! *Tens que ir* hoje sem falta ao banco, senão eu não posso partir amanhã logo de manhã para Coimbra, como querias.

Oh, Manuel, wir haben kein Geld mehr im Haus, weißt du! Du mußt heute unbedingt zur Bank (gehen), sonst kann ich nicht morgen früh sofort nach Coimbra fahren, wie du möchtest.

Hoje *tenho que ir* ao banco, senão não sei como vou pagar a conta do picheleiro.

Heute muß ich zur Bank (gehen), sonst weiß ich nicht, wie ich die Rechnung des Installateurs bezahlen soll.

Já que prometi acabar o vestido até hoje à noite, *tenho* mesmo *que o acabar.* Senão diz que eu não tenho palavra.

Da ich ihr nun einmal versprochen habe, das Kleid bis heute abend fertigzumachen, muß ich es auch/muß ich es wirklich/muß ich es auch wirklich fertigmachen. Sonst sagt sie, auf mein Wort sei kein Verlaß.

Tu *tens que compreender* que isto assim não pode continuar. A tua mãe não pode sustentar eternamente um preguiçoso. *Tens* por isso *que* resolver-te a trabalhar — e como um homem!

Du mußt doch verstehen, daß das so nicht weitergehen kann. Deine Mutter kann doch nicht ewig für einen Faulpelz aufkommen. Du mußt dich also entschließen zu arbeiten — und zwar anständig.

Mas porque será que este tipo *tem* sempre *que* chatear a gente?! É impossível, o gajo!

Warum muß dieser Kerl auch immer die Leute ärgern?! Unmöglich, dieser (verdammte) Kerl!

É uma chatice! Desde que constipei a bexiga, *tenho* sempre *que me levantar* de noite para ir à casa de banho.

Es ist (wirklich) ärgerlich/ein Elend! Seitdem ich mir die Blase erkältet habe, muß ich immer nachts aufstehen und auf die Toilette gehen/muß ich immer nachts raus.

cf. **precisar de qc.** — etw. brauchen
não precisar de fazer qc. — etw. nicht zu tun brauchen
ter que — ter de fazer qc. — etw. tun müssen

Alberto, no domingo *tenho de ir* a Lisboa, não podes ir ao futebol.
— Ó pai, mas *tens que ir* mesmo a Lisboa no domingo? Não podes ir na segunda?
— Não, filho, *tenho que ir* no domingo, tem paciência!

Albert, ich muß sonntag nach Lissabon (fahren), du kannst (also) nicht zum Fußballplatz.
— Och, Papa, mußt du denn unbedingt sonntag nach Lissabon? Kannst du nicht montag fahren?
— Nein, (mein) Junge, ich muß sonntag fahren, da ist nichts zu machen.

Rosa, *tenho de ir* no domingo a Lisboa, preciso de cinco camisas em ordem.
— Mas para seis ou sete dias tu *não precisas de levar* cinco camisas.
— O que eu *tenho* ou *não tenho de levar* é comigo. Portanto já sabes, se as camisas não estiverem prontas, *tenho de* comprar novas.
— Óptimo! Se tu *tens de* comprar camisas novas, então eu *tenho que* comprar um vestido. Tu bem sabes que ando a *precisar dum.*

Rosa, ich muß sonntag nach Lissabon, ich brauche fünf Hemden, die in Ordnung sind.
— Aber für sechs oder sieben Tage brauchst du doch keine fünf Hemden (mitzunehmen).
— Was ich mitnehmen oder nicht mitnehmen muß, ist meine Sache. Also, es ist dir klar, wenn die Hemden nicht in Ordnung/in Schuß sind, muß ich neue kaufen.
— Ausgezeichnet! Wenn du neue Hemden kaufen mußt, dann muß ich ein Kleid kaufen. Du weißt sehr gut, daß ich (schon lange/länger) eins brauche.

terminar (qc.) fazendo qc. — (etw.) beenden, indem man etw. tut; etw. damit beenden, daß man etw. tut

Ele começou o discurso fazendo alusão à ...; depois continuou exaltando as qualidades..., e finalmente *terminou frisando* o apoio prestado por uns multinacionais...

Er begann seine Rede, indem er auf... anspielte; im weiteren Fortgang lobte er die Qualitäten... überschwenglich, und er endete schließlich, indem er/und er endete schließlich damit, daß er auf die Unterstützung durch einige internationale Unternehmen hinwies.

terminar por fazer qc. (selten; eher **acabar por**) — am Ende etw. tun; schließlich etw. tun

Jurei nunca mais falar com eles; mas depois fizeram-me pena quando perderam a fortuna toda, e *terminei por ajudá-los.*

Ich schwor, nie mehr mit ihnen zu reden/kein Wort mehr mit ihnen zu wechseln; aber nachher taten sie mir leid, als sie ihr ganzes Vermögen verloren, und schließlich/am Ende half ich ihnen (sogar).

tornar a fazer qc.

1. wieder etw. tun; wiederum etw. tun
2. (neg.) nicht mehr etw. tun; nicht nochmal/noch einmal etw. tun; nicht wieder etw. tun
3. nochmal/noch einmal etw. tun

1. Como? O Paulo *tornou a roubar?!*

   Wie? (Der) Paul hat wieder gestohlen/hat wiederum gestohlen?!

2. Juro que *não torno a roubar!* Foi uma tentação que tive, mas não volto.

   Ich schwöre, daß ich nicht mehr stehle/daß ich nicht nochmal/noch einmal stehle/daß ich nicht wieder stehle! Es war eine Versuchung (der ich erlegen bin), aber ich mache es nicht wieder.

3. Manuelzinho, apaga já os riscos que fizeste no caderno de francês. Se *tornas a fazer* uma tolice destas, ponho-te de castigo.

   Manuel/mein lieber (kleiner) Manuel, radier' (mir) sofort die Striche aus, die du ins Französischheft gemacht hast. Wenn du nochmal/ noch einmal einen solchen Unsinn machst, sperr'ich dich ein/bekommst du Arrest (Schule)/kommst du in die Strafecke (veraltet).

tratar de fazer qc.

1. sich daran/dran machen und etw. tun; es sich angelegen sein lassen, etw. zu tun
2. zusehen, daß man etw. tut; etw. selbst tun
3. dafür sorgen, daß man etw. tut

1. Coitada, ela está velha... Mas mesmo assim *tratou de limpar* e enfeitar a casa para a nossa chegada.

   Die Arme, sie ist alt (geworden)... Aber sogar so machte sie sich daran/ dran, das Haus zu putzen und zu schmücken/das Haus sauber und schön zu machen für unsere Ankunft /(... Aber... ließ sie es sich angelegen sein, das Haus...)

2. Estás a ver, Alzira, isto está pessimamente mal cosido!
   — Olha, Lena, *trata tu de coser* as tuas bainhas como deve ser e deixa-me em paz.

   Siehst du, Alzira, das ist miserabel genäht.
   — Hör' mal, Lena, sieh du zu, daß du deinen Saum annähst/näh' du deinen Saum selbst an, wie es sich gehört, und laß mich zufrieden!

3. Olha, *trata de ter* o almoço pronto para as duas. Se é fácil ou difícil, não me interessa, ele tem que estar pronto.

   Hör' mal, sorg' dafür, daß du das Essen um zwei fertig hast. Ob das leicht oder nicht leicht/schwer ist, interessiert mich nicht; es muß (dann) fertig sein.

trazer qc. limpo/sujo/...; desfeito/... — etw. (was man «tragen» oder mit sich führen kann) sauber / schmutzig / ..., kaputt/... haben; + js. ... ist ...

Tu *trazes* a bainha da saia *descosida*.

Der Saum von deinem Rock ist los.

Ele *traz* o carro sempre tão *sujo*.

Er hat seinen Wagen immer so schmutzig/dreckig!

ver alg./qc. fazer qc. — jen./etw. etw. tun sehen; sehen, wie j./etw. etw. tut

Vi entrar os três indivíduos e assustei-me.

Ich sah die drei Männer/Kerle hereinkommen und erschreckte mich/erschrak/ Ich sah, wie die drei... hereinkamen und...

Vi abrir-se uma porta lá na sala. Vai ver quem é.

(Ich habe da im Wohnzimmer eine Tür sich öffnen sehen)/ich habe gesehen, wie sich da im Wohnzimmer eine Tür öffnete. Sieh einmal/mal nach, wer es ist.

vir fazer qc. —

1. etw. tun; etw. tun kommen; kommen, um etw. zu tun
2. (doch) (wirklich/...) etw. tun
3. doch in der Tat etw. tun; doch wahrhaftig etw. tun; kommen und etw. tun

1. Quem tocou? — Era o Jorge. — Que é que ele queria. — *Vinha trazer* o livro que lhe emprestaste.

   Wer hat (da) geschellt? — Es war (der) Georg. — (Und) was wollte er? — Er hat das Buch gebracht/er kam das Buch bringen/(er kam, um das Buch zu bringen), das du ihm geliehen hast.

   A costureira disse que *vem* hoje *provar-te* o vestido.

   Die Schneiderin hat (mir/ihm/...) gesagt, daß sie heute das Kleid anprobiert/ daß sie heute das Kleid anprobieren kommt/(daß sie heute kommt, um das Kleid anzuprobieren).

   De repente *veio* à cozinha *buscar* um copo de água. Como tínhamos pensado que estava a dormir, ficámos muito surpreendidos.

   Plötzlich kam er in die Küche ein Glas Wasser holen/kam er in die Küche, um ein... zu holen. Da wir angenommen hatten, er würde schlafen/ (er schliefe), waren wir sehr überrascht.

2. A criação desta escola *veio satisfazer* uma justa aspiração dos nossos trabalhadores.

Die Errichtung dieser Schule erfüllt (wirklich/(endlich)/...) die gerechten Forderungen/Ansprüche unserer Arbeiter/... Schule kommt (endlich/...) den... Ansprüchen unserer Arbeiter entgegen.

3. Durante o ano todo aquele tipo não fez nenhum, e agora ele *vem dizer* que a nota que lhe dei não está certa.

Das ganze Jahr hindurch hat dieser Kerl nichts getan/hat dieser Kerl eine ruhige Kugel geschoben, und jetzt kommt er und sagt/und jetzt sagt er doch in der Tat/sagt er doch wahrhaftig, die Note, die ich ihm gegeben habe, wäre/(sei) ungerecht.

vir fazendo qc.

1. kontinuierlich / schrittweise / ... etw. tun (dem Sprecher entgegen: heranrücken/sich nähern/...)
2. (schon länger/seit einiger Zeit/... und kontinuierlich/... (und intensiv/mit innerer Anteilnahme/...)) etw. tun
3. (doch) (endlich/wirklich/...) etw. tun (was dem Sprecher entgegenkommt/...)
4. dann (doch/leider/...) / schließlich immer mehr/... etw. tun

1. O navio *vinha-se aproximando* do cais. (Langenscheid, 174)

Das Schiff kam immer näher an den Kai heran/ näherte sich dem Kai immer mehr/....

A tempestade *vinha-se aproximando* do lado do mar.

Das Gewitter kam vom Meer her immer näher/kam vom Meer her immer näher an uns/... heran.

2. Já há uns anos que ele *vem juntando* dinheiro para um dia comprar uma casita. Todos os anos um pouco, até ter o suficiente.

Schon seit einigen Jahren spart er beständig/geflissentlich/... Jahren legt er einen Groschen zum andern, um sich eines Tages ein Häuschen zu kaufen. Jedes Jahr ein bißchen, bis es reicht.

Já há anos que noto a frieza entre o casal, e de há uns meses para cá *venho tentando* uni-los de novo; mas já é tarde, parece-me. Eu devia ter começado mais cedo com as minhas tentativas de reconciliá-los.

Schon seit Jahren fällt mir die Kälte auf, mit der die beiden/(die Eheleute) miteinander umgehen, und seit ein paar Monaten versuche ich/... Monaten tu ich alles, was ich kann/..., um sie wieder zusammenzubringen; aber es ist zu spät, scheint mir. Ich hätte mit meinen Bemühungen, sie zu versöhnen, früher beginnen müssen.

3 Este dicionário *vem preenchendo* uma lacuna que desde muito...

Dieses Wörterbuch füllt (endlich/wirklich/...) eine Lücke aus, die schon lange/seit langer Zeit...

4. A falta de tempo que tinham um para o outro, *vinha dando cabo do* casamento sem que eles se apercebessem.

Der Mangel an Zeit, die sie füreinander hatten/aufbrachten, zerrüttete die Ehe immer mehr/zerrüttete die Ehe schließlich immer mehr/zerrüttete die Ehe (dann) doch (leider) (immer mehr)/..., ohne daß sie sich dessen bewußt wurden.

vir a andar/correr/... — (gerade) daher-gegangen/-gelaufen/... kommen; jem. (gerade) entgegengelaufen/ entgegengerannt/... kommen; (gerade in js. Richtung (gelaufen/...) kommen)

Ele *vinha a correr* pelo caminho fora quando o vi, há mais ou menos uma hora.

Er kam (gerade) über den Weg dahergelaufen/kam mir gerade über den Weg entgegengelaufen/(kam gerade über den Weg, in meine Richtung), als ich ihn etwa vor einer Stunde sah.

vir a fazer qc.

1. doch / in der Tat / doch in der Tat (im Gegensatz zu dem, was zu erwarten ist) etw. tun [seltener]
2. in letzter Zeit/... (doch/ in der Tat/wirklich/...) etw. tun ((bes. m. d. Passado perfeito composto))
3. was/... tun sollte
4. ohne /... irgendwann (doch) (noch)...

1. Ele tinha-me apoiado sempre. Sempre tinha alinhado com as nossas ideias, com os nossos projectos. Mas ontem, quando lhe perguntaram se estava de acordo ou não com o que tinha sido decidido no dia anterior, ele *veio a declarar que...* [selten]

Er hatte mich immer unterstützt. Immer hatte er mit unseren Ideen, unseren Plänen übereingestimmt. Aber als man ihn gestern fragte, ob er dem, was tags zuvor/am Tage vorher beschlossen war, zustimmt/zustimme oder nicht, erklärte er doch in der Tat/(erklärte er doch), daß...

Acho o teu rapaz tão leviano, filha.
— Deixe lá, mãe. O Pai era um estroina e *veio a ser* um bom trabalhador, dono de três firmas, tudo à custa de trabalho dele.

Ich finde deinen Jungen derart leichtsinnig, Mädchen.
— Laß, Mutter. Vater war ein Leichtfuß und ist (dann) doch ein guter/tüchtiger Arbeiter geworden — Besitzer von drei Firmen, und das alles dank seiner Arbeit/Arbeitskraft.

Tu dás muita trela ao Jorge; qualquer dia ele pede-te em casamento.
— Se não me acautelo, ainda *vem a ser* essa a minha sorte.

Du kommst dem Georg so entgegen... Irgendwann macht er/der dir einen Heiratsantrag.
— Wenn ich nicht aufpasse, wird das in der Tat noch mein Schicksal/Los sein.

2. Ultimamente *tem vindo a notar-se* em Portugal um renascer das forças reaccionárias, não achas?
— Não, não acho.

In letzter Zeit bemerkt man/seit einiger Zeit bemerkt man in Portugal eine Wiedergeburt der reaktionären Kräfte, findest du nicht?
— Nein, das finde ich nicht.

A evolução que *se tem vindo a efectuar* na gente nova, é alarmante.
— É, tens razão. Droga, disco, roubo...

Die Entwicklung, die sich (seit einiger Zeit/in letzter Zeit/in den letzten Monaten/Jahren/...) bei den jungen Leuten bemerkbar macht/(die... die jungen Leute durchmachen), ist beängstigend.
— Das stimmt, da hast du Recht. Droge, Disko, Diebstahl ...

A intransigência com que ele *tem vindo a defender* o projecto, é impressionante.

Die Hartnäckigkeit/Intransingenz, mit der er das Projekt verteidigt, ist beeindruckend.

3. Ele tinha a mania de inventar histórias e mentiras. Por exemplo, que se ia casar com uma senhora, 20 anos mais velha do que ele! Pois nem ele sabia que lhe *vinha a suceder* um dia esse desastre.

Er hatte die Manie, Geschichten und Lügen/(Lügengeschichten) zu erfinden. Zum Beispiel die, daß er eine Frau heiraten würde, die 20 Jahre älter als er wäre. Nun wußte er selbst nicht, daß ihm dies Unglück eines Tages widerfahren sollte.

4. O irmão do meu pai teve uma grande paixão pela minha mãe, mas ela era namorada do irmão. Pois ela esteve viúva 20 anos, e ele morreu sem nunca *vir a confessar-lhe* que gostava dela.

Der Bruder meines Vaters liebte meine Mutter leidenschaftlich, aber sie war (nun einmal) die Freundin des Bruders. Nun denn, sie war 20 Jahre Witwe, und er starb, ohne ihr irgendwann/irgendwann einmal/nachher irgendwann gestanden zu haben, daß er sie liebte.

cf. vir a saber qc. etw. (doch) erfahren; + herauskommen

Nós com tanto segredo, a esconder a gravidez da Lisette, e afinal os pais *vieram a saber* pelo próprio rapaz.

Wir machen da soviel Geheimnis um die Sache, um Lisettes Schwangerschaft nicht bekannt werden zu lassen, und schließlich erfahren die Eltern es von dem Jungen selbst!

Mas não fales disto a ninguém, ouviste?
— Não vale a pena tantos cuidados, tudo *se vem a saber,* mais tarde ou mais cedo...

Du sprichst mit niemandem/keinem darüber/davon, hörst du?
— So viele Vorsichtsmaßnahmen, das ist zwecklos/das ist verlorene Liebesmüh; früher oder später erfährt man (doch) alles/früher oder später kommt (doch) alles heraus.

cf. ainda se há-de vir a... **man wird schon noch...**

Ainda se há-de vir a reconhecer quem voltou a pôr este país em pé — nós ou a oposição! Há-de se saber distinguir um dia aqueles que trabalharam durante anos sem abrir a boca, daqueles que só falaram e mais nada!

Man wird schon noch erkennen/dahinterkommen, wer dies Land wieder auf die Beine gebracht hat — wir oder die Opposition! Eines Tages wird man bestimmt/wird man — daran besteht kein Zweifel — die, die jahrelang gearbeitet haben, ohne den Mund aufzumachen, von denen unterscheiden, die nichts anderes taten als reden/die nur geredet haben und sonst nichts.

vir de fazer qc. gerade etw. (davorn / dahinten /...) getan haben («eigentlich: gerade von dem Ort herkommen, wo man etw. getan hat»)

Tens visto o Carlos ultimamente?
— Olha, *venho de falar* com ele.

Hast Du (den) Karl in letzter Zeit gesehen?
— Oh, ich habe gerade mit ihm davorne/dahinten/in der... Straße/... gesprochen/ Ich habe ihn gerade in/an/... getroffen und mich mit ihm unterhalten.

Onde é que estavas?
— *Venho de estender* a roupa.

Wo warst du? — Ich habe gerade die Wäsche (in/...) aufgehängt.

viver a fazer qc. nichts anderes im Kopf haben, als etw. zu tun; (aber auch) andauernd etw. tun müssen ((zwanghaft))

Ele *vive a enganar* os outros. Não faz outra coisa.

Er hat nichts anderes im Kopf, als die anderen zu täuschen/hinters Licht zu führen. Er tut nichts anderes.

Er muß (aber auch) andauernd die anderen täuschen...

eher: passar a vida a fazer qc.

voltar a fazer qc.

1. wieder etw. tun; wiederum etw. tun
2. (neg.) nicht mehr etw. tun; nicht nochmal/noch einmal etw. tun; nicht wieder etw. tun
3. nochmal/noch einmal etw. tun

1. Como? O Paulo *voltou a roubar?!*

   Wie? (Der) Paul hat wieder gestohlen/hat wiederum gestohlen?!

2. Prometes que *não voltas a ser* malcriado com a mãe? Está bem, então não te castigo.

   Versprichst du, daß du nicht mehr ungezogen mit der Mama/Mutti bist/daß du nicht nochmal/ noch einmal.../daß du nicht wieder...?! Dann ist gut, dann bekommst du keine Strafe (von mir).

3. Manuelzinho, apaga já os riscos que fizeste no caderno de francês. Se *voltas a fazer* uma tolice destas, ponho-te de castigo.

   Manuel/ mein lieber (kleiner) Manuel, radier' (mir) sofort die Striche aus, die du ins Französischheft gemacht hast. Wenn du nochmal/noch einmal einen solchen Unsinn machst, sperr' ich dich ein/bekommst du Arrest (Schule)/kommst du in die Strafecke (veraltet).

Die wesentlichen Definitionskriterien der Verbalperiphrasen

Die wesentlichen Definitionskriterien der Verbalperiphrasen

Der ASPEKT — in vereinfachter Definition: das WIE EINER HANDLUNG (s. u.)

Die SITUIERUNG — der BEZUG einer Handlung AUF vorausgehende oder folgende ANDERE HANDLUNGEN

Die PERSPEKTIVE — konkret: die BEWEGUNG ZUM SPRECHER HIN bzw. VOM SPRECHER WEG; übertragen: WAS DEM SPRECHER «ENTGEGENKOMMT» bzw. «SICH VON IHM ENTFERNT» (vgl. PRAGMATISCHE BESTIMMUNG)

Die PRAGMATISCHE BESTIMMUNG — die mit einer Periphrase mitgegebenen PRÄSUPPOSITIONEN (d. h. impliziten, nicht ausgedrückten Voraussetzungen der Handlung) und SPRECHAKTE (wie Zustimmen, Ablehnen, Vermuten usw.)

Dazu lassen sich unterscheiden:

Die MODALEN EINHEITEN — KÖNNEN, WOLLEN, MÜSSEN, SOLLEN, DÜRFEN usw.

Die VERBEN DER SINNLICHEN WAHRNEHMUNG — SEHEN, HÖREN, RIECHEN...

Eine Gruppe von Einheiten, die wir eher aus didaktischen Gründen mit aufgenommen haben, sind unter SONSTIGE zusammengestellt.

Das Hilfsverb einer Verbalperiphrase — z. B. **começar** *a traduzir* — «determiniert» demnach die im Hauptverb ausgedrückte Handlung — in unserem Fall: «übersetzen» — in wenigstens einer dieser Formen oder Richtungen — hier: Aspekt: Phase: Anfang; «inzeptiv».

Beim ASPEKT läßt sich unterscheiden:

1. DAUER	iterativ	punktuell	durativ
2. WIEDERHOLUNG		semelfaktiv	frequentativ

3. VOLLENDUNG perfektiv — imperfektiv — faktisch

- perfektiv
  - subjektiv
    - terminativ
  - objektiv
    - kompletiv

4. RESULTAT resultativ — nicht resultativ

- resultativ
  - effektiv
  - produktiv

5. PHASE

imminentiell

ingressiv ↓ inzeptiv ↓ progressiv — Verbalhandlung: ↓ kontinuativ ↓ regressiv ↓ konklusiv ↓ egressiv

Das bedeutet, eine Handlung kann gesehen werden:

1. in ihrem *Ablauf* (*«kursiv»*) (*nähen*)
   momentan (*punktuell*) (*fallen*)
   als fortdauernde («ablaufende») Momentaneität,
   d. h. *intermittent* ((*im Ofen/... herum-*) *stochern*)

2. als *einmalige* (*wieder-*(*lesen/...*))
   oder *mehrmalige Wiederholung* (*wieder und wieder* (*lesen/...*)

3. als *vollendet* (*ein Buch/... durchlesen*)
   unvollendet (*an einem Buch/... schreiben*)
   neutral inbezug zur Vollendung (*singen*)

   Bei der *subjektiven Vollendung* hört der Handelnde mit der Handlung lediglich auf (*Ich habe heute wenigstens 40 Pakete gepackt:* d. h., zur Zeit, zu der ich spreche, packe ich nicht; ich habe aufgehört (*terminativ*). Doch es liegen noch weitere Pakete da zum Packen); bei der *objektiven Vollendung* wird die Handlung (vom Handelnden) zuendegeführt (*kompletiv*) (*Er hat das Buch endlich fertigübersetzt*).

4. *mit Ergebnis*
   ohne Ergebnis,
   wobei das Ergebnis auf den Handelnden bezogen und damit eine Wirkung (*effektiv*)
   sein (*Die Tür ist auf/zu* — a's Wirkung von: auf-/zugegangen)

bzw. das Objekt der Handlung betreffen und damit ein Produkt (*produktiv*) darstellen kann

(*Sie hat den Kuchen in vier Teile aufgeteilt)*

5. in ihrer Realisierung

«von vorn» (*imminentiell/ingressiv*) (d. h. «gleich/jeden Augenblick/... anfangen») (*im Begriff sein, etw. zu tun*)

im Anfangspunkt (*inzeptiv*) (*anfangen, etw. zu tun*)

im Fortschreiten (in der Anfangsphase) (*progressiv*) (*fortfahren, etw. zu tun*)

im Weiterhin-Verlaufen (im mittleren Abschnitt der Handlung) (*kontinuativ*) (*Er arbeitet weiterhin bei Thyssen*)

im Abklingen (*regressiv*) (*Die Leistung der Maschine läßt nach; sie wird den Geist bald aufgeben*)

im Endpunkt (*konklusiv*) (*Ich mache Schluß* (*für heute mit...*))

«von hinten» (*egressiv*) (d. h. «gerade/eben/... aufgehört haben»)

Manche Kriterien überschneiden sich. So steckt im Begriff der Phase und insbesondere in «progressiv» und «kontinuativ» das Element «durativ»; «perfektiv», «resultativ» und «konklusiv» lassen sich, zumindest auf der Ebene der sprachlich vorliegenden Einheiten («objektsprachlich»), häufig nicht oder nicht präzis voneinander trennen. Viele Aspekte liegen sprachlich(also)nicht «rein» vor: zahlreiche Lexeme drücken mehrere aus oder lassen sich nur schwer eindeutig zuordnen — ganz abgesehen davon, daß die übrigen oben S. 79 angegebenen Definitionskriterien mit hineinspielen. Vor allem aber sind die Aspekte in den verschiedenen Sprachen 1. nur unsystematisch, unvollständig und 2. formal auf vielfältigste Weise realisiert. (In unseren deutschen Beispielen oben haben wir versucht, sie dadurch zu illustrieren, daß wir auf lexikalisch gegebene Bedeutungsstrukturen zurückgriffen oder aber bestimmte Satzbedeutungen wählten). Je nach methodologischem Ansatz kann man nun von «Aspekt» sprechen, wenn die angegebenen Determinationen oder Modifikationen a) durch bestimmte Tempora, b) durch bestimmte Affixe (vor allem Präfixe), c) durch andere formale Mittel, d) durch mehrere oder alle dieser Erscheinungen geleistet werden. Kaum ein Begriff ist aus all diesen Gründen in der Forschung so umstritten wie der des «Aspekts». — Trotzdem bietet er, in der oben resümierend angedeuteten Form [1], für das Verständnis des Verbalsystems einer Sprache eine große Hilfe. — In den romanischen Sprachen werden zahlreiche Aspekte nun eben durch die Verbalperiphrasen realisiert — insbesondere im Spanischen und Portugiesischen, wie die folgende Übersicht belegt.

---

[1] Unsere Darstellung des «Aspekts» geht vornehmlich auf die Arbeiten Coserius zurück (der zusätzlich noch einen Aspekt der «Schau» unterscheidet, den es indessen nach unserer Überzeugung in den romanischen Sprachen nicht gibt).

Anordnung der im Übungsteil behandelten Periphrasen nach den Definitionskriterien

Anordnung der im Übungsteil behandelten Periphrasen nach den Definitionskriterien [1]

DAUER:

durativ: *estar a* (*andar a*)

iterativ: *andar a* (*ir fazendo, vir fazendo, tenho feito*) (*não fazer mais do que*)

WIEDERHOLUNG:

semelfaktiv: *tornar a, voltar a*

RESULTAT:

effektiv: *qc. está feita* (*chegar a, vir a*)

produktiv: *alg. tem 3/... romances/... escritos, alg.* (*já*) *leva 3/... leiras/... feitas* (*trazer qc. limpa/suja/desfeita/..., acabar de*)

PHASE:

imminentiell/ingressiv: *estar a, estar para, estar mesmo para* (*ainda está para saber/acontecer/...*), *estar vai não vai para* (*ir fazer, alg. ia fazer quando..., alg. ia a fazer* (*quando...*), *alg. ia para fazer, alg. ia fazendo*)

[cf. *estar por, ficar por* (*ficar por casar/.../arrumar/..., nada fica por explicar/...*)]

---

1 In Klammern sind Einheiten gesetzt, die eine Spezifizierung (u. a. auch im Übungsteil) anderer Einheiten darstellen oder deren Zuordnung zu der betreffenden Gruppe diskutierbar ist. — Die Klammer bei den Periphrasen, die unter der Phase «regressiv» fungieren, hat ihren Grund in der Tatsache, daß es sich nicht um eigene Einheiten, sondern um eine Kombination vorliegender Einheiten (*estar* + *acabar / terminar*) handelt, die Phase «regressiv» also streng genommen nicht vertreten ist. — Viele Periphrasen sind zwei oder sogar mehrere Male aufgeführt. Entweder, weil sie mehrere Bedeutungen haben, oder weil zu ihrer Definition mehrere Kriterien zusammenkommen (müssen).

	ter qc. por fazer; ter a (ter a entregar/aviar/.../ dizer/... ainda umas coisas a dizer/fazer/.../a pagar/... uma coisa a pedir/...)]
inzeptiv:	*abalançar-se a, agarrar-se a (apressar-se a), começar a correr a, deitar a, desatar a, disparar a (lançar-se a), largar a, meter-se a, pegar a, pôr-se a (pôr-se a pensar), principiar a, romper a (sair-se a) (vir a, vir a saber, ainda se há-de vir a), ficar a (ficar a pensar, ficar a saber/...), ir fazendo ((já) ir fazendo (enquanto/...))*
progressiv:	*(estar a), andar a, ir fazendo (ir melhorando/piorando), vir fazendo*
kontinuativ:	*continuar a, ainda estar para durar/..., não parar de* [cf. *viver a, passar a vida a, quedar-se a]*
regressiv:	*(estar a acabar, estar a terminar)*
konklusiv:	*acabar de, cessar de, deixar de, desistir de, parar de, terminar de*
egressiv:	*alg. acaba de (alg. vem de)*
Dazu:	*inzeptiv + global: agarro e faço, pego e faço*
SITUIERUNG:	*acabar por (acabar de), acabar fazendo, começar por, começar fazendo, continuar fazendo, terminar por, terminar fazendo, ficar a, alg. ia a andar/ correr/... quando, alg. ia a fazer quando..., alg. ia fazendo (quando...), ir fazendo, (já) ir fazendo (enquanto/...), passar a, vir a andar/correr/... quando..., vir de*
PERSPEKTIVE:	bes. *ir/vir (+gewisse Präpositionen)*

PRAGMATISCHE EINHEITEN: *andar a, chegar a, (não) deixar de, ficar a, ir, se alg. fosse a..., haver de (qc. há-de ir melhorando/...), vir, vir a, vir fazendo*

MODAL:

können:	*poder, ser capaz de, chegar a, conseguir, saber (saber falar alemão/... trabalhar/...), pode ser que..., dever, alg. está em crer/dizer/...* [cf. *sair-se a, aprender a]*

wollen: *querer, alg. queria, antes querer (preferir), desejar (alg. desejava), gostar de (alg. gostava de), alg. ia a... (quando...), alg. ia para (alg. ia fazendo), não estar para, pensar, pensar em, pretender, estar/andar com a ideia de, estar/andar com ideias de, estar interessado em, decidir-se a, dispor-se a, resolver-se a, estar decidido a, estar disposto a, estar resolvido a, resolver, decidir*

[cf. *fazer por, procurar, tentar, tratar de, preparar-se para, cansar-se de, apressar-se a, recusar-se a, hesitar em]*

sollen/müssen/ dürfen:

dever, ter de, ter que, ter a (dizer/ pagar/receber/...), há que, haver de, precisar de (necessitar de) (ter a obrigação de), estar por, ficar por (arrumar/...)

[cf. *ficar de]*

brauchen: *precisar de, necessitar de, alg./qc. leva 1/2/... horas/... (a)*

lassen: *deixar, fazer, mandar (mandar fazer/vir o almoço/...)*

SINNLICHE WAHRNEHMUNG: *ouvir, sentir, ver*

SONSTIGE:

esperar
acostumar-se, apanhar o costume de, costumar, habituar-se a, tomar o hábito de, dar em, dá-me/te/... para, viver a

[cf. *não se meter a*]

(*ter a oportunidade de*)

qc. consiste em, estar no facto de, a questão/... está em, alg./qc. leva alg./(qc.) a

(*ajudar a*)

(*ter a bondade de*)

Literaturverzeichnis

Literaturverzeichnis

de Almeida, J., Introdução ao estudo das perífrases verbais de infinitivo. São Paulo 1980.

Bausch, K.-R., Verbum und verbale Periphrasen im Französischen und ihre Transposition im Englischen, Deutschen und Spanischen. Tübingen 1963.

Böckle, K., Zum Diasystem der portugiesischen Verbalperiphrasen. In: Zeitschrift für romanische Philologie 96, Heft 3/4, S. 333 ff.

Coseriu, E., Das romanische Verbalsystem. Tübingen 1976.

Dias da Costa, A., Periphrastic verbal expressions in Portuguese. In: J. Schmidt-Radefeldt (Hrsg.), readings in portuguese linguistics. Amsterdam — New York — Oxford 1976, S. 187 ff.

Dietrich, W., Der periphrastische Verbalaspekt in den romanischen Sprachen. Tübingen 1973 (= Beihefte zur Zeitschrift für romanische Philologie 140).

Fente Gómez, R. — Fernández Alvarez, J. — G. Feijóo, L., Perífrasis verbales. Madrid 1972.

Keniston, H., Verbal aspect in Spanish. In: Hispania 19, 1936, S. 163 ff.

Meyer-Hermann, R., Zu den Verbalperiphrasen im heutigen Portugiesisch. In: Portugiesische Forschungen der Görresgesellschaft. Erste Reihe: Aufsätze zur portugiesischen Kulturgeschichte. Bd. 15, 1978. S. 204 ff.

Roca Pons, J., Estudios sobre perífrasis verbales del español. Madrid 1958.

Rojo, G., Perífrasis verbales en el gallego actual. Verba. Anuario Gallego de Filologia. Anejo 2. Santiago de Compostela 1974.

Schemann, H., Definitionskriterien der Verbalperiphrasen. Die portugiesischen Verbalperiphrasen — Corpus und Analyse. Tübingen 1982 (eine um eine linguistiche Analyse erweiterte Fassung dieses Übungsbuchs).

Die gerade erschienene Portugiesische Grammatik von T. Hundertmark-Martins widmet den Verbalperiphrasen eine weit größere Aufmerksamkeit als die bisher im deutschen Sprachraum erschienenen Lehr- und Unterrichtsmittel zum Portugiesischen.

FSC
www.fsc.org
MIX
Papier | Fördert
gute Waldnutzung
FSC® C083411

Kolibri 360 GmbH
Ferdinand-Jühlke-Straße 7
99095 Erfurt, Deutschland
produktsicherheit@kolibri360.de